强地震动按破坏强度的排序研究

谢礼立　胡进军　来庆辉　著

科学出版社

北京

内 容 简 介

　　地震动是造成工程结构地震破坏的原因，定量评估地震动对结构的破坏作用对于合理选取设计地震动进行抗震输入非常重要。全世界地震工程科学家和工程师面临的一个始终未解决的难题是：怎样科学地评价地震动对工程的破坏作用，以及怎样对迄今为止实际记录到的大量强震动记录按其对工程破坏强弱进行比较和排序。本书从地震动记录本身特征出发，逐步介绍了地震动参数计算、不同结构的类别划分、地震破坏机制分析、地震动破坏强度定量排序及其影响因素分析以及基于超越概率的地震动破坏强度确定等方面的内容。

　　本书可供地震工程、结构工程、土木工程等专业的技术人员以及高等院校和科研院所的教师和研究生参考。

图书在版编目（CIP）数据

强地震动按破坏强度的排序研究 / 谢礼立，胡进军，来庆辉著. -- 北京 ： 科学出版社，2025.3. -- ISBN 978-7-03-080806-6

Ⅰ. P315.9

中国国家版本馆 CIP 数据核字第 202457QA67 号

责任编辑：王 运 / 责任校对：何艳萍
责任印制：赵 博 / 封面设计：楠竹文化

科 学 出 版 社 出版
北京东黄城根北街 16 号
邮政编码：100717
http://www.sciencep.com
北京建宏印刷有限公司印刷
科学出版社发行 各地新华书店经销

*

2025 年 3 月第 一 版 开本：720×1000 1/16
2025 年 5 月第二次印刷 印张：8 3/4
字数：200 000
定价：118.00 元
（如有印装质量问题，我社负责调换）

前　言

众所周知，大地震时产生的强烈地震动是造成土木工程结构地震破坏的最重要的原因。虽经几代人百余年的努力，但到目前为止结构工程师仍无法确定结构未来将会遭遇或者承受什么样的地震动作用，更不清楚按照现行抗震设计规范规定的或者地震动危险性分析给出的设计地震动所设计的结构在未来的地震中会面临多大的风险。造成这些问题的主要原因，一方面是因为影响地震动破坏作用的参数（如加速度值、速度值、位移值、持时、频谱组成等）较多，即使在同样幅值的地震动作用下也会造成结构不同程度的破坏效果，甚至幅值较小的地震动的破坏作用还大于幅值更大的地震动；另一方面是因为结构种类繁多，不同的结构由于其周期、阻尼、非线性特性、结构破坏机制等的不同，也同样会在相同的地震动作用下产生大相径庭的破坏后果。这是全世界地震工程科学家和工程师百余年来一直面临的设计尴尬和难题，即：怎样科学地评价地震动对工程的破坏作用，以及怎样对迄今为止在实际强烈地震中记录到的大量强地震动记录按其对工程结构的破坏强弱进行比较和排序？

为了解决这个难题，本研究将现有结构按其自振周期分为三类，按结构所在的场地分为四类，对不同结构的类别采用不同的破坏机制，并进一步考虑结构的非线性水平对地震动破坏作用的影响，将数以万计的实际测录到的强地震动记录按照它们对结构的破坏作用的强烈程度进行排序，最终以超越概率的形式给出不同强度水平的推荐设计地震动记录，并进行了工程实例的验证和应用。按这种方法给出的排序地震动将为设计人员提供一个合理的设计地震动数据库，从而可以定量地控制所设计结构可能面临的未来地震风险。

本研究历经二十余年，获得以下四个方面的研究成果：

（1）提出了按照结构的自振周期和响应特征对结构进行分类的方法。将结构按自振周期分成三类：刚性、刚-柔性和柔性。假定同一类别的结构有相同的破坏机制，不同类别的结构破坏机制不同。研究表明结构周期段划分越精细，得到的地震动排序越精确。此外还同时考虑了场地因素对结构周期段划分的影响，最终得到了与场地相关的结构周期段分类的结果，为按照结构类别进行地震动排序提供了基础。

（2）厘清了不同类别结构的地震破坏机制，在统计意义上，分别确定了刚性、刚-柔性和柔性结构的各自破坏机制。并在此基础上证实了地震动对刚性结构的破坏作用取决于地震动的加速度幅值的大小，对刚-柔性和柔性结构的破坏作用主要取决于地震动的速度幅值的强弱，为基于破坏强度的地震动排序提供了依据。

（3）揭示了结构的非线性程度对结构地震响应值及其响应排序的影响。在不同的地震动作用下，在几乎所有的土木工程结构中可能出现的非线性程度范围内，发现结构的非线性程度对其响应都会有显著影响，但是对结构响应的排序几乎没有影响，这一结论为地震动排序提供了十分重要的理论基础。

（4）对迄今为止世界上通过实际观测得到的数万条强地震动记录提出了基于超越概率表征的设计地震动的排序，从而能可靠地给出按此排序设计的抗震结构未来可能面临的地震破坏风险。

本专著受到国家自然科学基金重点项目"建筑群及城市系统抗震韧性分析与评估（U1939210）"等项目的资助。

由于作者水平有限，书中难免存在疏漏和不足之处，衷心希望读者不吝赐教。

作　者
2024 年 7 月

目　录

第1章 绪 论

1.1 背景和意义

地震发生非常频繁，地球上每年约有 500 万次地震发生，地震具有不可预知性，强震一旦发生，将对人类生命和财产安全构成巨大威胁。我国是一个多地震的国家，1976 年发生的唐山大地震（M_L=7.8）、2008 年发生的汶川地震（M_L=8.0）、2013 年发生的芦山地震（M_S=7.0）以及 2017 年发生的九寨沟地震（M_S=7.0）等大地震都给人类生命和财产安全造成了巨大的损失。损失主要是由于工程结构的抗震能力不足，在地震作用下发生倒塌破坏以及产生的次生灾害造成的（谢礼立，2009；谢礼立和曲哲，2016）。只有通过科学有效的抗震设计理论，提高工程结构抗震能力，才能更好地保障人类生命和财产安全。

地震研究不断进步和发展，1933 年 3 月 10 日美国洛杉矶地区发生 Long Beach（长滩）地震（M_W=6.3），科学家使用加速度记录仪在这次地震过程中记录到了世界上第一条有历史意义的地震动（Trifunac and Brady，1975；常志旺，2014），这在地震工程发展史上是非常重要的一步。之后，反应谱方法用于评价地震动记录特征被提出并得到广泛发展（Biot，1932，1933，1943），地震动反应谱能够很好地反映地震动的峰值和频谱特性，使它与结构的振型分解法相结合，将复杂的多自由度体系在地震作用下的反应问题大大简化。地震动反应谱理论的发展为抗震设计提供了有效的方法。目前主要基于加速度反应谱进行设计，在少数研究中会基于位移反应谱、能量反应谱等进行抗震设计。随着强震观测技术的发展，很多国家和地区纷纷建立了自己的强震台站和数据库，其中包括美国的 NGA-West2 数据库以及 COSMOS 数据库，日本的 K-NET 数据库和 KiK-net 数据库等，这些数据库累积了数以万计的地震动记录，为结构抗震设计提供了宝贵的数据资料（Ambraseys and Bommer，1991；樊圆等，2018；Ancheta et al.，2014；Archuleta et al.，2004）。虽然目前很多国家收集到了成千上万的地震动记录，但是如此众多的地震动记录对结构的破坏能力差异是非常显著的，如何在抗震设计时挑选合理的输入地震动进行抗震设计，这是地震工程领域中的一个难题。最直接的方法就是将所有的地震动记录全部输入结构进行非线性时程分析，将所得结果进行对比，但这是不现实的。目前挑选地震动记录进行抗震设计的方法有规范谱法、一致危险谱法、条件均值谱法、临界激励法、最不利设计地震动的方法等。

这些方法在一定程度上能够满足挑选输入地震动记录的要求，但是同样存在一些缺点，需要引起我们的重视和思考。因此本书主要从以下方面进行分析：①对于某一地区的结构，目前我们只知道该地的场地类别，无法估计某一地区在未来将要遇到什么样的地震，地震的震级和震中距无法预测，地震动的峰值和频谱等参数同样也不能确定。②抗震设计谱是以地震动加速度反应谱特性为依据，加速度反应谱的本质是单自由度弹性反应谱，虽然能体现出频谱特性，但是不能体现出地震动持时和能量累积特征。③获取的地震动记录数量数以万计，随机选取几条地震动记录输入，如 El Centro 地震动记录、Taft 地震动记录等，必然带有很大的随机性和盲目性。④最重要的是，目前挑选输入地震动方法不能定量评价每一条输入地震动的潜在破坏能力，在基于选取的地震动进行抗震设计时无法评估结构面临的地震风险水平。

针对上述问题，本书提出了一种新的挑选输入地震动的方法。该方法与基于性态的抗震设计理论紧密结合，提出了一整套从地震动参数、单自由度损伤指数到多自由度损伤指数定量分析的理念。能够明确设计的建筑结构在未来可能面临的地震风险水平，使结构的损失风险控制在预期的范围内（赵国臣，2018；Gaxiola-Camacho et al.，2017；蒋欢军等，2008；Zhang et al.，2016），该理念与Moehle（1992）提出的基于性态的抗震设计理论是相似的。

在进行抗震设计时，定量描述地震动对结构的破坏强度，明确基于选取的输入地震动进行抗震设计在未来所面临的地震风险是至关重要的。从 1906 年美国旧金山地震算起，历经 110 余年努力，现代地震工程取得重大进展。但在全世界地震工程科学家和工程师面前仍有一个始终未解决的难题：怎样科学评价地震动对工程的破坏作用以及怎样对迄今为止实际记录到的数以十万计的地震动记录按其对工程破坏强弱进行比较和排序。

结构抗震设计的最大困难是：不知工程在寿命期内会遭遇怎样的地震动，更不知工程在未来地震作用下面临怎样的风险。但是我们可以假定所设计的结构在未来遇到的地震动十分类似于现有地震动记录中的某一条记录。如果我们对现有的地震动按其破坏强度进行排序，我们就能控制工程的地震风险，明确结构在未来面临的风险大小。

因此本书首先广泛地选取了大量具有潜在破坏能力的地震动记录，然后确定出能够表征地震动对结构破坏能力的地震动破坏强度参数，最后基于选取的破坏强度参数进行排序，并以超越概率的形式定量描述不同地震动对结构的破坏强度。这与传统抗震设计理念存在本质不同。选择不同超越概率的输入地震动进行抗震设计时，可以明确结构面临不同的风险水平，设计者可以根据目标结构的重要性等级、经济效益以及可承受地震风险水平自行选择输入地震动。

1.2 设计地震动选取的国内外研究现状

工程结构进行抗震设计时首先需要选取输入地震动，并且选取的方法有很多种，很多国家都制定了自己的抗震设计的规范，而各国规范的规定也不尽相同。本书将根据规范谱选取输入地震动进行结构抗震设计的方法称为规范谱法。还有一些专家认为规范谱存在一些缺点，对规范谱法进行了改进，使其与目标谱匹配时离散性更小，但是其本质还是匹配目标谱。这两类方法的本质都是通过计算的反应谱与目标谱相匹配来挑选输入地震动，还有一些专家从源头进行创新，从与规范谱完全不同的角度来挑选输入地震动。针对以上三类选取输入地震动的方法，以下进行详细论述。

1.2.1 基于规范谱的地震动选取方法

基于规范谱的地震动选取方法主要是以各国规范中规定的设计谱作为选取依据，通过控制与设计谱的匹配误差选择输入地震动。抗震设计的共同目的是使结构在地震作用下不被破坏，保护人们的生命财产安全，但是各个国家的规范在抗震设防目标、设计反应谱取值、场地类别以及底部剪力法计算时都有较大差别。

首先在抗震设防目标方面，我国抗震设计规范从《建筑抗震设计规范》（GBJ 11—89）以后一直采用三水准设防目标，到现在的《建筑抗震设计标准》（GB/T 50011—2010，2016 年版）一直沿用，即 50 年内超越概率分别为 63%、10%、2%～3%，分别对应着"小震不坏"、"中震可修"和"大震不倒"设防目标。2000 年以后美国规范主要考虑两种（IBC，2018 [S]）：50 年超越概率 2%对应的最大考虑地震以及极限地震的 2/3 的设计地震。而在欧洲规范（EN 1998-1-2010 [S]）中，设计基准使用的为 50 年超越概率为 10%。

场地类型对地震动有较大的影响，我国抗震规范规定场地划分标准是根据土层的覆盖层厚度和等效剪切波速进行划分。美国规范和欧洲规范都是根据 30m 厚土层的平均剪切波速，美国规范将场地划分为了 A～E 共 5 类，欧洲规范将场地划分为了 7 类。

不同国家的抗震规范在设计反应谱形式、地震剪力以及地震作用取值标准等方面也存在明显区别（张艳青等，2020；范力等，2006；罗开海和王亚勇，2006；余湛等，2008）。

1.2.2　基于改进的目标谱匹配的地震动挑选方法

在对结构进行动力时程分析之前,设计地震动的选取是一个重要的考虑因素。合理选择地震动,可以使得结构响应的偏差和方差降低到与使用更先进的地震动强度测量方法相当的水平。同时,所选用的方法不宜过于复杂,应采用简单的强度测量方法来处理记录,以方便用户使用。

国内外学者提出了很多通过反应谱与目标谱匹配来选取地震动的方法,他们还指出了一些需要考虑的因素。本节提到目标谱谱型匹配与设计谱匹配是有差别的,其范围比设计谱的范围要广,其一是指规范中给出的设计谱,其二是指地震危险性分析给出的一致危险谱、条件谱以及条件均值谱等,在本书中将这些谱统称为目标谱。

首先从反应谱谱型进行改进,邓军和唐家祥(2000)通过大量地震动统计得到在整个反应谱频段内控制谱型是很困难的,频段的选取是以 1 s 为区间长度,提出将 [0,6 s] 范围内的反应谱平均分成 6 个频段,在每一频段上选取与目标谱误差较小的地震动记录。目标结构的自振周期被认为是一个非常重要的参数,最先考虑的就是在结构自振周期处的谱匹配方法的改进,杨浦等(2000)提出通过控制反应谱的两频段选取输入地震动的方法,包括自振周期段和设计反应谱平台段,要求输入地震动与设计谱在两频段内的差值相差不超过 10%。该方法得到广泛应用。

但是也有专家认为只注重自振周期是不完全准确的,结构的等效周期(T_{eq})也是研究的一种重要参数,曲哲等(2011)通过分析得出,合理地选择地震动强度指标、同时考虑台站和地震信息和准确估计结构的 T_{eq} 能够有效减小结构响应的离散性。宋亚澜和周颖(2017)提出了一种新的挑选地震动记录思路:通过能力谱法估算 T_{eq},然后控制 T_{eq} 附近周期段进行谱匹配。

在挑选地震动记录时,一般将地震动记录的峰值加速度(PGA)调幅到同一水平下进行选取。常磊(2011)等提出结构动力时程分析所用地震动记录调整应基于 EPA 而非 PGA,提出了一种与地震动记录特性相适应的分段有效峰值加速度(EPA)地震动调整方法,并应用于某超高层时程分析中,取得良好的效果。除了 EPA,其他参数也常被使用。许松(2013)提出了参数化选波方法,该方法包含两个步骤,第一步先通过设定条件和特性参数衰减规律选出备选数据库,然后根据统计意义相符原则,采用最优化方法,从初选地震动中选出一组最佳组合,使得其平均反应谱与目标反应谱的拟合程度最高。

对于高层或高大结构,考虑多因素和多阶振型周期选取输入地震动是非常有必要的,王东升等(2013)以某百米高桥墩为例,通过控制设计谱平台段与结构前几阶周期点谱值与地震动反应谱的误差选择输入地震动,结果离散性较小。

　　以 Baker 和 Cornell 为代表的专家学者不以设计谱作为匹配标准，而从考虑场址地震危险性的角度进行地震动选取，提出的一致危险谱、条件均值谱等得到广大地震工作者的接受和认可。Baker 提出了条件均值谱，并不断改进（Baker and Cornell，2005，2006a，2006b；Baker and Allin，2010；Baker，2011）。该方法详细描述，相对于一致危险谱的优点，认为一致危险谱选取的地震动记录过于保守。该方法通过设定震级、震中距、特定周期等一系列场景参数，用 ε 代表反应谱谱型。同时利用均值谱和衰减关系选出输入地震动。冀昆等根据这套理论基于我国的强震台网数据进行分析，提出了适用于我国场址的输入地震动选取方法（Ji et al.，2018）。

　　可以得到，上述规范谱和改进的规范谱法主要是基于反应谱匹配的方法挑选输入地震动。

1.2.3　基于最不利和临界激励的方法挑选地震动

　　有些专家认为对于某些特别重要的建筑物来说，仅仅依靠匹配某一烈度水平的设计谱选取地震动记录不能满足抗震设防要求，输入地震动有很大的不确定性，对于不容易精确预测的即将发生的地震事件，应当选取那些破坏能力最强，最危险的地震动记录进行结构抗震设计。因此，"临界激励"的概念被提出（Drenick，1973），即通过一组允许的输入地震动中产生给定结构的最大响应来寻找"合成"加速度记录，使系统达到给定的响应最大化的激励。此后一些专家对该方法不断进行完善和修改（Srinivasan et al.，1992；Manohar and Sarkar，1995）。在过去的研究中或试图将临界激励定义为一个确定的时程，或将地震加速度定义为一个随机过程。Takewaki（2001）对二者进行总结和整理，把地震动功率密度函数和随机过程熵作为临界激励的指标。但是这类方法选取的地震动为合成地震动记录，而不是真实的地震动记录。在时域和频域上与真实的地震记录有很大差别。

　　"最不利设计地震动"理论是由谢礼立院士和翟长海教授提出的。其定义为：使结构的反应在这样的地震动作用下处于最不利的状况，即处在最高的危险状态下的真实地震动（谢礼立和翟长海，2003）。在该方法中考虑了场地条件和结构类型，所选的地震动均为真实地震动，并且有很高的地震动潜在破坏势。翟长海（2002）认为延性系数和滞回耗能两个参数能够很好地代表地震动对结构的破坏能力。在不同场地和周期段内基于两个参数进行排序，将排名最靠前的地震动记录挑选出来，即得到"最不利地震动"，为了验证选取的地震动记录的合理性，将其输入多个实际结构进行时程分析，证明了在"最不利地震动"的作用下得到结构响应相当大，并且远远大于常用的 El Centro（埃尔森特罗）记录得到的结构响应（翟长海，2002）。

　　随着这一理论不断地发展，相关研究出现较多，其中使用到的表征地震动破坏势的参数越来越丰富，选取方法也越来越完善，我国的施炜和潘鹏等提出了基于天际线算法的挑选方法（施炜等，2013），用五维向量值（5个地震动参数）来表征地震记录的破坏强度，这5个地震动参数包括 $S_a(T_1)$, $S_a(T_2)$, $S_a(T_3)$, $S_a(1.5T_1)$ 和 90%有效持时（$D_{s5\text{-}95}$）。该方法得出的地震动为真实地震动记录，但是在选取地震动指标不一样时，选取的地震动破坏能力差异也是较大的。谢礼立和郝敏分析了峰值加速度（PGA）、峰值速度（PGV）、峰值位移（PGD）等参数与震害指数的相关性，并得到对于不同结构，地震动参数与震害指数的相关性也是不一样的（郝敏和谢礼立，2008）。李爽和谢礼立以及李明等还研究了最不利设计地震动的影响因素，例如近断层地区的地震动会使结构响应变大（李爽等，2007；李明，2010）。翟长海和常志旺基于权重系数法，合理组合地震动参数，给出了不同场地的适用于中低层结构的最不利设计地震动（Zhai et al.，2013）。核电厂这样的建筑物需要非常高的强度等级，李翠华基于核电厂模型进行分析，通过函数拟合，确定地震动破坏能力参数，给出最不利推荐设计地震动（Li et al.，2019）。

1.3　地震动破坏强度参数的研究现状

地震动对结构的破坏强度评价取决于所选择的地震动强度指标。在过去的几年里提出了既考虑地震特性又考虑结构信息的结构响应模型。然而，目前还无法确定哪个地震动参数（又叫强度指标，IM）是地震反应的最佳预测参数。基于性能的地震工程（PBEE）（Alavi and Krawinkler，2001），旨在对未来地震引起的结构损伤风险和抗震性能进行量化，近年来受到广泛关注，被认为是现有建筑抗震评估和新结构设计的重要方法。当采用 PBEE 方法时，通常通过对结构进行非线性时程分析计算该结构抗震性能（Jalayer et al.，2012），以得到与建筑现场危害一致的强震动记录。为了估计地震动对结构的潜在破坏能力，需要引入两个中间变量，一个描述结构性能，另一个描述地震动强度（Bazzurro，1998；FEMA-355，2000；Moehle and Deierlein，2003）。两种变量的相关性保证了结构抗震性能评估的准确性和充分降低结构响应预测的可变性。

目前一般使用三种不同的方法通过地震动参数来估计结构响应分布。第一种方法是所谓的"云图法"（Cornell et al.，2002）。在该方法中采用未调幅的地震记录作为输入地震动进行非线性动力分析。因此，一个 IM 点对应于一个工程需求参数（EDP），即 EDP-IM。为了确定 EDP 的离散性，对一组 EDP-IM 进行回归分析，假定 EDP 与 IM 之间的回归模型具有一定的函数关系。然而，由于以下原因，云图法在结果中引入了偏差：①它要求先假定 EDP 与 IM 回归模型的函数形式，这对于不同的 IMs 可能是不同的；②这在很大程度上取决于地震动记录的选择；③如果研究的重点是结构倒塌状态，则需要对地震动记录集进行缩放（Jalayer，2003）。第二种方法是"增量动力分析（IDA）"（Vamvatsikos，2002；Vamvatsikos and Cornell，2002，2004）。根据这一原理，地震动记录首先按不同的烈度进行分级。然后，对每个强度级别的地震动记录进行非线性时程分析，确定所有地震动的 IDA 曲线。基于该方法时不需要进行回归分析，EDP 的离散度直接以 IM 的每个值为条件进行计算。但是值得注意的是，与云图法相比，IDA 非常耗时。第三种方法是多重条带分析（MSA）（Jalayer，2003），首先将地震记录按相同的烈度进行伸缩，然后进行结构分析，以估计需求参数分布。这一过程适用于许多强度级别，以涵盖从弹性反应到整体失稳的广泛结构响应。为了避免尺度变化带来的偏差，MSA 的使用考虑了每个强度级别上的不同记录组合，以及将尺度变化最小化到目标强度级别的记录的适当选择。几乎所有上述方法都需要将地震动调幅来扩展记录。即便使用云图法，记录也经常被缩放，目的是在结构时程分析中引入更大的非线性。最近的研究表明，基于适当的 IM 选取输入地震动记录可以防止在估计的结构响应中出现明显的偏差。

选择合适的 IM 对于基于概率的结构抗震评估的准确性至关重要，最优 IM 的评价标准是有效性和充分性（Bianchini et al.，2009；Luco and Cornell，2007；Padgett et al.，2008）。IMs 的有效性是表示地震动参数预测结构响应的离散性大小充分性：强度指标的充分性是指强度指标在预测结构响应指标时相对于其他地震动特征参数之间的独立性。建立绝对意义上的充分性可能需要高维向量 IMs，因为它涉及指定的结构响应参数与所有可能的 IM 值与其他地震特性的独立性，且依赖于 IM（Yazdani and Yazdannejad，2019）。如果所选 IM 上的响应不依赖于其他的地面运动特征，如震中距和震级等，则 IM 是充分的。

许多地震动参数 IMs 被认为是结构损伤水平的有效预测参数。大量的标量地震动仅基于地震动的特征，而非建筑物的结构特征。由 Kramer（1996）对一些最常见 IMs（如 Peak）的使用情况进行讨论：峰值地面加速度（PGA）、峰值地面速度（PGV）、峰值地面位移（PGD）、Arias 强度（AI）、比能密度（SED）和累积绝对速度（CAV）等等。$S_a(T_1)$是弹性单自由度（SDOF）体系响应的理想预测参数，在弹性多自由度情况下是一个较好的预测因子，因为多自由度（MDOF）体系的响应主要由其基本振型决定。然而，最近的研究也表明，$S_a(T_1)$在描述高层和长周期结构，韧性结构，经历非弹性，以及当近断层地震动作为地震输入等方面是不够的（Luco and Cornell，2007；Krawinkler et al.，2003）。

一些研究人员已经开发了高级的、针对结构响应预测的强度指标（IMs）。这些信息不仅反映了地震动特征，而且反映了地震动的结构特征（例如振动特性），以减少所选 EDP 的离散性。反应谱参数通常会作为矢量参数中最常见的第二分量，Jalayer 等（2012）在他们的研究中使用了结构的第一阶和第二阶谱加速度的几何方法。其他研究表明，与第一种模式相比，在多个周期的低至高范围内采用谱加速度的几何乘积可以提高有效性和充分性（Kohrangi et al.，2016；Adam et al.，2017）。考虑矢量值 IMs 的研究可以增加 EDP 和 IM 的相关性。然而，在进行可靠和简单适用的概率地震危险性评估研究时，对所选地震动参数的要求是不仅要准确，而且还要简单实用。

Palanci 和 Senel（2019）以 SDOF 系统为代表的建筑物采用非线性时程分析方法进行分析，并针对选定的强地震动记录计算位移需求（$S_d(T_1)$），研究了作为损伤指标的 $S_d(T_1)$ 与地震参数的相关性。其他一些研究人员使用多层建筑模型代替 SDOF 系统，他们使用 Park Ang 损伤指数作为响应指标（Elenas and Meskouris，2001）。在一些研究中，将 PGA 和 PGV 的相关性与改进的 Mercalli 指数（Wald et al.，1999）进行了比较。不同的研究人员采用理想弹塑性（EPP）模型、修正 Clough 模型和 Takeda 模型等不同的滞回模型研究滞回模型对地震动参数相关性的影响（Akkar and Ozen，2005；Yakut and Yilmaz，2008）。相关系数的计算一般针对特定周期值（代表低、中、长周期的建筑）或针对整个周期轴（Akkar and Ozen，2005；Yakut and Yilmaz，2008；Yang et al.，2010；Akkar and Küçükdoğan，2008），一些专家还研究了延性需求和强度折减系数对 IM 和 EDP 的相关性影响。

1.4　目前结构抗震设计面临的问题

在进行抗震设计时，定量描述地震动对结构的破坏作用，明确基于选取的输入地震动进行抗震设计在未来所面临的地震风险水平是至关重要的。从 1906 年美国旧金山地震算起，历经 110 余年努力，现代地震工程取得重大进展。但在全世界地震工程科学家和工程师面前仍有一个始终未解决的难题：怎样科学评价地震动对工程的破坏作用以及怎样对迄今为止实际记录到的数以十万计的地震动记录按其对工程破坏强弱进行比较和排序？这是目前地震工程遇到的最大困难和挑战，其涉及地震工程所包含的全部内容，包括工程地震、工程抗震和工程设防。目前结构抗震设计的最大的问题是不知工程在寿命期内会遭遇怎样的地震动，更不知工程在未来地震作用下面临怎样的风险。但是我们可以假定所设计的结构在未来遇到的地震动十分类似于现有所有地震动记录中的某一条记录。如果我们对现有的地震动按其破坏强度进行排序，我们就能控制工程的地震风险，明确结构在未来面临的风险大小。

目前结构抗震设计中的最大困难可以表述为如下问题：

（1）现有条件下不知工程在寿命期内会遭遇怎样的地震动，更不知工程在未来地震作用下面临怎样的风险。因为目前设计地震动都是基于设计谱匹配选取的，满足不同设防烈度要求，并没给出结构设计后面临的破坏风险概率，因此所面临的风险水平仍然不清楚。

（2）结构的破坏机制不清楚。地震作用下结构破坏的原因搞不清楚，比如有些结构是由于强度破坏，有些结构是由于延性破坏。结构破坏机制不清楚，结构抗震设计时也会产生混淆。

（3）地震动对结构的破坏作用不清楚。地震的破坏作用是结构破坏的主要原因，有时是地震动的加速度起主要作用，有时是地震动的速度或者位移起主要作用。

（4）各种因素（例如结构形式、非线性、场地特征）对地震动破坏强度的影响不清楚。场地条件与地震动卓越周期非常相关，结构的自振周期与地震动的卓越周期相近时会产生共振效应，使结构响应增大。C_y 是表示结构弹塑性反应的参数，结构发生塑性反应时响应的不确定性很大；T 是结构最重要的基本特性之一，并且与结构响应密切相关。

（5）地震动破坏作用与结构破坏机制间的联系不清楚。目前表述结构损伤的指标不少于五个，表征地震动破坏作用的地震动参数也有几十个。这些损伤指标与地震动参数的联系不清楚。哪些地震动参数能够较好地表征结构响应需进行详细研究。

因此，针对上述问题，本书首先广泛地选取了大量具有潜在破坏能力的地震动记录，然后确定出能够表征地震动对结构破坏能力的地震动破坏强度参数，最后基于选取的破坏强度参数进行排序，并以超越概率的形式定量描述不同地震动对结构的破坏强度。这与传统抗震设计理念存在本质不同，选择不同超越概率的输入地震动进行抗震设计时，结构面临不同的风险水平，设计者可以根据目标结构的重要性等级、经济效益以及可承受地震风险水平自行选择输入地震动。

最后，本研究提出了一种新的确定输入地震动的方法。该方法与基于性态的抗震设计理论紧密联系，提出了一整套从地震动参数、SDOF 损伤指数到多自由度损伤指数定量分析的理念。基于本方法进行抗震设计，能够明确设计的建筑结构在未来可能面临的地震风险水平和性态水平，该方法为基于风险的抗震设计方法提供了设计地震动。

1.5　本研究的目标和关键科学问题

“强地震动按破坏强度的定量排序”的目标是从地震动本身考虑，衡量真实地震动对结构的破坏强度，并按破坏强度大小进行概率排序，建立基于地震动破坏强度的排序数据库。具体目标有两个：其一是研究基于强震动大数据分析的地震破坏作用，通过表征参数解释影响排序的机理；其二是能够定量评估每条地震动记录对于工程结构的破坏强度，避免传统抗震设计方法中挑选输入地震动的盲目性和随机性。要实现这两个科学目标，需要解决如下关键科学问题：

（1）地震动记录和地震动参数的选取。首先要选用合适的数据库，分析和对比国内外不同数据库的空间分布情况和数据信息参数特点，选择适合本书研究的强震动数据库。对其中的数据进行筛选，选出具有潜在破坏能力的强地震动记录，组成一个新的数据库进行分析。并且基于所选数据分析地震破坏作用，初步选择能够代表地震动潜在破坏能力的参数，分析给出这些参数表征地震动破坏强度的合理性，以全面反映地震动幅值、持时和频谱特征。

（2）结构类型的划分。工程结构千差万别，针对每一种结构给出一套排序结果是不现实的，对结构进行合理的分类是非常有必要的，通过破坏机制相似对结构分类，这样可以针对不同结构类型给出典型排序结果，满足各类工程结构需要，方便工程应用。

（3）结构损伤指标的选取。描述地震作用下结构响应的指标有很多，对于不同结构，损伤指标使用不恰当就会对结构破坏程度造成错误评估。有的结构以强度破坏为主，有的结构以延性破坏为主。因此对于不同种类的结构选择合适的损伤指标，搞清结构的破坏机制是非常重要的。

（4）结构参数对损伤指数排序的影响。结构进行时程分析发生弹塑性反应时，某些结构参数会发生变化，例如周期延长等。结构参数不同时，结构响应一般是发生变化的，但是其对结构响应排序的影响尚未可知。分析结构参数对结构响应及结构响应排序的影响，阐释结构参数对二者影响的区别是本方法的关键问题之一。

（5）地震动的破坏作用和结构破坏机制间的关系。基于单自由度弹塑性结构分析地震动破坏强度参数和结构损伤指数排序的内在联系，确定出对于不同结构能够表征不同结构损伤的地震动破坏参数，搞清结构破坏机制的主要原因，最终应用到实际结构中进行论证。

（6）地震动按破坏强度排序的建立。在建立地震动排序时，充分分析可能影响地震动排序的地震动信息和结构参数，给出最佳的适用于所有工况下结构的排序结果。排序结果分为两类，未调幅记录的排序结果和与目前抗震设计规范相结合的调幅后的排序。

（7）地震动破坏强度与超越概率的结合，建立基于不同超越概率的推荐地震动排序。通过概率的方法确定每一条地震动的超越概率，当超越概率接近时，地震动破坏强度相差不多，可以将其归为同一强度等级，在进行抗震设计时，设计人员可以根据建筑结构的类别、重要性等级、场地类别以及地震区域活动性强弱设计结构的安全保证率，选择相应的超越概率对应地震动进行抗震设计，明确结构在未来面临的地震风险水平。

1.6 本研究的思路

围绕本研究的目标，基于数值模拟和统计开展研究。首先收集全球范围内的强震动记录，按现行的场地分类将地震记录分成四类；以结构的自振周期和非线性深度作为结构的主要特征，将结构按频率分成刚性、刚-柔性和柔性，同类结构破坏机制相同，不同结构破坏机制不同；研究结构非线性对地震动破坏作用和结构破坏机制的影响；按照地震动对结构破坏作用的大小进行排序；按地震动对结构破坏强度的超越概率确定设计地震动；对排序的正确性和合理性进行验证。详细流程如图 1-1 所示。

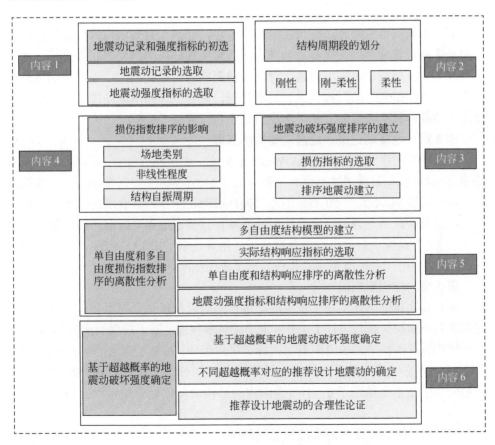

图 1-1 强地震动记录按破坏强度排序的研究思路

1.7 本书各章内容

本书介绍了国内外挑选输入地震动方法以及研究地震动强度指标和结构响应内在联系的发展和现状，尽可能多地选取了地震动记录和地震动参数，并通过相关性分析选出相对独立的代表性参数，明确不同结构在地震作用下的响应指标，并对结构进行分类，对地震动破坏参数与不同结构响应的离散性进行分析，最终确定不同工况下与结构响应相关性最好的地震动破坏参数，以超越概率的形式表示地震动对不同结构的破坏强度，并给出推荐输入地震动记录。具体研究内容如下：

第1章 绪论

对本书的研究背景和选题意义进行了论述，介绍了目前国内外抗震设计时强震记录选取以及地震动破坏参数和结构响应相关性分析的研究现状和进展，探讨了目前结构抗震设计面临的问题。针对目前面临的问题提出了"强地震动按破坏强度定量排序研究"的目标和关键科学问题，论述了"强地震动按破坏强度定量排序"的基本思路和框架，并对涉及的专业名词进行了解释。

第2章 地震动记录和地震动参数的选取

本章一方面详细论述了 NGA-West2 数据库、KiK-NET 数据库、VDC 数据库等地震动数据库，最终通过对比和分析选取了 NGA-West2 数据库作为本书数据来源。从中选取 PGA 大于 50 Gal 的水平向地震动记录作为具有潜在破坏能力的地震动记录集合。另一方面合理地选取地震动参数描述地震动的潜在破坏能力。对初选的 17 个地震动参数进行相关性分析，最终选取了 PGA、PGV、PGD、D_u、D_b 和 D_s 共 6 个代表性地震动参数作为初步排序标准。

第3章 结构周期段划分

本章首先详细阐述了基于自振周期进行结构周期段划分的意义，对目前结构周期段划分的研究现状进行了论述。主要采用多种方法基于周期对刚性结构、刚-柔性结构以及柔性结构的周期范围进行了重新划分，将基于改进的 Newmark-Hall 方法划分结果与基于聚类分析得到的周期范围划分结果进行对比。最终在考虑场地分类的基础上给出了 0～10 s 范围内的结构周期段划分数量以及周期段划分范围。

第4章 结构非线性对响应排名的影响

分别在刚性结构、刚柔结构和柔性结构周期段内，分析了平均加速度、速度以及位移响应排序与不同周期条件下响应排序的离散性。并对不同响应指标排序的离散性进行了对比分析，在不同结构内选取最佳的结构响应指标作为损伤指数，并基于确定的损伤指数建立损伤指数排序，并对可能影响损伤指数排序合理性的场地类别、周期以及屈服强度系数进行了分析。最终建立了用于表征刚性结构、刚-柔性结构和柔性结构损伤的地震动破坏强度排序。

第 5 章　地震动破坏参数和损伤指数排名离散性分析

首先在不同结构周期段内建立大量代表性结构，分析了不同损伤指数与不同结构响应之间的相关性。并且分析不同地震动参数与 MDOF 结构损伤之间的相关性。论证在不同结构内建立的损伤指数排序的合理性，同时基于 MDOF 结构揭示了地震动参数与结构损伤之间的关系。

第 6 章　基于超越概率的设计地震动选取

将地震动破坏强度排序与超越概率相结合，以超越概率的形式表征地震动破坏强度，确定了每一条地震动在不同场地、结构周期段内对结构破坏的风险水平。并且给出了表征不同地震动破坏强度的超越概率对应的推荐设计地震动，并基于实际工程结构论证了推荐设计地震动的合理性。

第 2 章　强震动记录和地震动参数的选取

2.1　引　　言

地震动记录是地震工程研究的基础，是地震信息和特征的载体，图 2-1 所显示的为某一地震动记录东西方向的分量，图中给出了地震动加速度、速度以及位移时程，该记录是在 1999 年集集地震时收集到的。随着强震观测技术的逐步发展，收集到的地震动记录越来越多，很多国家和地区纷纷建立了自己的强震台站和数据库，例如美国建立的 NGA-West2 数据库、USGS（美国地质调查局）数据库、COSMOS 数据库等，日本建立的 KiK-net 数据库和 K-NET 数据库，意大利建立的 ITACA 数据库，土耳其、新西兰等国家建立的数据库以及我国的强震台网中心发布的数据库。目前全球收集到的地震动记录多达几十万条，为结构抗震设计提供了大量的数据支撑，但是如何在众多的地震动记录中挑选合理的输入地震动进行抗震设计成为新的难题。

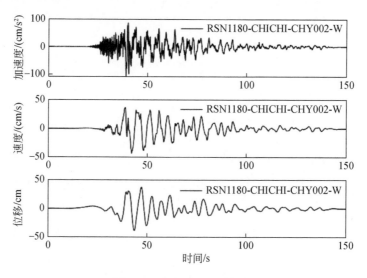

图 2-1　地震动记录时程图

地震动的全部特征可以通过整条地震动时程体现出来，地震动参数通常作为地震分析和结构抗震设计的标度参数。地震动参数主要分为幅值参数、频谱参数、持时参数以及能量参数等。许多专家学者从他们自己的角度提出了各种地震动参数（Trifunac and Brady，1975；Arias，1970；Housner and Jennings，1964；Fajfar et al.，1990；Hao et al.，2005）。这些地震动参数虽然从某一方面评价了地震动的破坏强度，由于地震动的复杂性和随机性，准确评价现有各种地震动参数的适用性一直是一项困难的工作。此外，对这些参数的适用性评价缺乏客观、定量的方法。这是地震工程研究中一个具有挑战性的课题，也是性态抗震设计中的一个基本问题。

因此本章研究的重点主要包括两个内容：①首先广泛了解各个数据库记录的基本信息，地震动数据特点，从中选取合适的地震动数据库作为研究对象，从中选取潜在破坏能力较强的地震动记录作为潜在破坏能力备选数据库。②目前表征地震动特性的参数种类数目繁多，首先要广泛地挑选地震动参数，通过相关性分析，选出在地震工程中使用频次较高、有代表性的、彼此之间相对独立以及相关性较弱的地震动参数作为地震动破坏参数。最后基于选取的地震动破坏参数对备选数据库记录进行排序。本章的研究思路如图 2-2 所示。

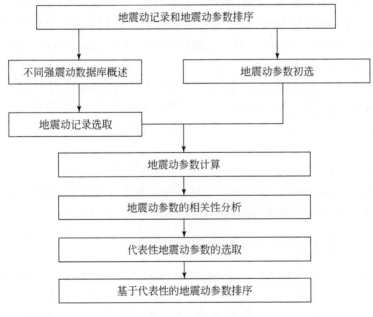

图 2-2　技术路线图

2.2 数据库概述及地震动记录选取

2.2.1 数据库概述

2.2.1.1 美国的 NGA-West2 数据库

2003 年，太平洋地震研究中心发起了一项巨大的工程。该工程针对构造活跃的浅层地壳地震发展新一代地震动衰减关系，该项目（现称为 NGA-West1）于 2008 年结束，并提供了若干重要成果，包括记录地震动的强震动数据库（GMPE）和一套同行业内的标准。世界各地的许多研究人员、从业者和组织使用 NGA-West1 模型和数据库进行研究和工程应用。但是随着时间的推移，一些新的问题出现了（比如，对于小震级的预测较少）。因此，NGA-West2 数据库被建立起来，其主要任务是扩展数据库，提高数据库的质量和一致性。并且 NGA-West2 数据库与最初的 NGA-West1 计划一样成功。

NGA-West2 数据库是 NGA-West1 数据库的扩展，包括了 2000 年后活跃构造地区的浅层地壳地震和 1998 年至 2011 年发生的一系列小到中等强度地震的全球地震动数据（Ancheta et al.，2014）。地震事件震源分布如图 2-3 所示。数据库包括来自 599 个事件的 21336 组（大部分）（表格目录中为 21540）三分量记录。地震震级范围从 3.9 级到 7.9 级，其中包括 1978 年伊朗 Tabas 地震（M_S=7.7）、1994 年美国 Northridge 地震（M_W=6.7），以及 1999 年我国台湾的集集地震（M_S=7.6）和 2008 年汶川地震（M_L=8.0）等。震中距范围为 0.05～1533km，剪切波速为 94～2100 m/s。

PEER（Pacific Earthquake Engineering Research Center，太平洋地震工程研究中心）发布的 NGA-West2 数据库的台站分布于全球，地震事件主要分布在北美、地中海地区、日本以及我国等地区。

2.2.1.2 美国 USGS 和 COSMOS 数据库

USGS 提供了 CESMD（The Center for Engineering Strong Motion Data，工程强震数据中心）数据库，包含两个子数据库：针对美国的数据库 EDC（Engineering Data Center，工程数据中心）和面向国际的数据库 VDC（Virtual Data Centre，虚拟数据中心）。

从历史发展来看，目前 CESMD 的数据是由先前的 CESMD 数据库和 COSMOS 提供的 VDC 数据库整理和统一而成。CESMD 数据库中的数据来源于美国地质调查局USGS国家强震计划和加州地质调查局CGS加州强震仪器计划的台站以及地方、州和其他政府机构，甚至有部分全球范围内的地震数据来源于国际组织。VDC 则由 COSMOS 提供数据。VDC 数据库中没有小于 5.0 级的地震，并且并非实时更新。两个数据库有一些明显的不同。经过对两个数据库的综合整理和统一工作，目前的 CESMD 数据库根据地震发生的震源位置，将所有数据分为两个子数据库，分别用于美国国内（EDC 数据库）和国际（VDC 数据库）的地震研究。

经过对两个数据库的综合整理和统一工作，目前的 CESMD 数据库根据地震发生的震源位置，将所有数据分为两个子数据库，分别用于美国国内和国际的地震研究。截至 2017 年 12 月，VDC 包含全球从 1933 年至今的 813 个地震、17181 个台站的 63579 条记录。但是值得注意的是，其中中国大陆地区仅有 1997 年的四次地震记录，并没有常用的汶川等国内记录。其数据记录文件包括未校正加速度记录、校正加速度记录、速度记录、位移记录、反应谱及校正加速度记录的傅里叶谱。其加速度记录文件包括文本头段、整数头段、实数头段、注释及数据区五部分。VDC 数据库的震源和台站分布区域相比 NGA-West2 数据库更广，涵盖了一些南美、北美东部地区的地震。

2.2.1.3　K-NET 和 KiK-net 数据库

1995 年 Hyogoken-Nanbu 地震（阪神大地震）后，日本国家地球科学与灾害预防研究所（National Research Institute for Earth Science and Disaster Resilience，NIED）安装了统一覆盖全日本的 K-NET（Kyoshin network，强震观测网）台站，在地面上安装了 1000 多个地震动加速度记录仪（Kinoshita，1998）。除了 K-NET 外，NIED 还建立了一个井上、井下观测网 KiK-net，拥有大约 669 个观测站。

K-NET 的观测台站超过 1000 个，台站之间的平均距离约 20km。所有观测站都配备了同一型号的强震动加速度计 K-NET95，并安装在自由表面。之后 K-NET 增加了一些台站，如关东东海地区现有台站以及 Sagami Bay 电缆式海底强震动加速度计台站。随着新电台的增加或旧电台的下线，台站具体数量也会发生变化。所给出的地震动记录未经基线校正，在使用时需要先进行基线校正和滤波（Aoi et al.，2004）。大多数 K-NET 站点都建在公共设施的场地上，如市政府公共办公室、消防局、学校或公园等，传感器只安装在自由表面，以及位于人类活动发生的区域附近，并且有大量台站放置在 D 类和 E 类场地上。

KiK-net（Kiban-Kyoshin network，基岩强震观测网）同样是一个日本范围内的强震观测网。该项目的主要部分包括总观测网，它由几种不同类型的高灵敏度地震观测网组成。每个 KiK-net 站都有 100 m 或 100 m 以上的钻孔，并在地面和钻孔底部安装了强震地震仪。这些地震仪的记录使我们能够结合井上井下的地震动数据，定量地评价每个监测站的现场场地效应。与 K-NET 相比，KiK-net 所在的场地条件更偏硬一些。这两个数据库的数据都是公开的，可以免费获取相关的地震动记录、场地条件等数据。日本地震发生非常频繁，积累了大量的地震动记录。

2.2.1.4　我国强震台网发布的数据库

1959 年作为"世界地震工程之父"之一的刘恢先院士最早提出了要将"强地震动记录的累积"作为首要基础工作。我国于 1962 年广东新丰江水库地震获得了第一条强震动记录，之后不断发展。1966 年邢台地震（震级为 6.0 级）后建立了强地震动流动观测站，20 世纪 90 年代与美国合作，相继建立了唐山、八宝山、滇西等实验台站和试验场等（温瑞智，2016），强震观测领域进一步发展。我国于 2000 年底共建成了 283 个强地震动台站，布设了 366 台强地震动仪器，这些台站主要分布在华北、西南和西北等地震多发地区，经济较发达的东南沿海地区也有布置（周荣军等，2010）。不过这一时期模拟观测仪器形式比较多、杂且比较落后。

20 世纪初我国完成了新一代"中国数字地震观测网络工程"项目中的数字强地震动台网系统的建设。极大地推动了我国强震观测事业的发展。共建成 1154 个强地震动观测台站、310 个烈度速报台站、10 个强地震动专用台阵，以及 5 个速报中心强地震动存储台阵（卢大伟和李小军，2008）。自从 2007 年我国数字台网建成以来，到 2014 年，收集到的强震记录达到 6500 余组，其中包括汶川地震，芦山地震、玉树地震等大震。对于研究地震发震机制，特征分析有重要意义。用户可以向国家强震动台网中心提交申请下载相关的地震动数据（解全才等，2017）。

2.2.1.5　意大利数据库 ITACA

意大利也是世界上地震活动频发的国家，有着丰富的地震数据资源。在早期，意大利的数据被保存在 ENEA 强震数据库中，但是数据库中的数据并没有统一格式和标准，使得意大利的强震数据很难被完整地获得。ENEA 数据库在 1993 年停止运行，其后欧洲数据库的更新也只包含意大利地区 1997~1998 年间的数据，并且欧洲数据库在 2005 年停止日常更新，2005 年以后的数据仅包含了 2008 年 3 月 29 日的冰岛 6.3 级地震。在这种背景下，意大利加速度数据库 ITACA（Italian Accelerometric Archive）于 2005 年应运而生。

ITACA 计划是一个意大利的国家强震数据库计划，目的是创建一个架构良好的、数据和台站信息相结合的数据库。为了达到这个目的，意大利因此改进了其国家加速度台网（Italian National Accelerometric Network，RAN），RAN 由意大利民事保护部（Italian Department for Civil Protection，DPC）负责设计、实施和管理。DPC 是一个意大利的国家部门，负责自然和人为原因的突发事件的管理以及相关风险的预见和预防。RAN 网络在意大利地震最为活跃的区域布设了 500 个数字台站，其中 192 个台站是在旧的模拟台站的基础上升级而来，台站间距在 20～30 km 之间。

　　意大利加速度数据库 ITACA 的发展从 2005 年开始，到 2010 年 7 月基本完成。DPC 资助了该项目，国家地球物理与火山研究所 INGV（Istituto Nazionale di Geofisica e Vulcanologia）也参与其中。这两个项目包含若干不同领域的专家小组，包括地震学、地质学、岩土工程、地震工程以及计算机科学。这些小组在数据库建立的各个阶段，如事件数据、记录处理程序的更新、台站标定、开发实际工程应用等阶段，将各种学科的知识结合在一起。目前，ITACA 并没有与意大利强震台网实时链接，所以数据的上传工作不可避免地有一定的延迟，其数据库的时效性并不突出。ITACA 的台站分布主要集中在意大利境内，也在其他附近地中海区域国家有所分布。

2.2.1.6　土耳其国家强震动数据库 TR-NSMN

　　土耳其的强震观测始于 1973 年，建设完成的初步台网在 1976 年获得了第一条地震动数据，在此以后，强震仪器经过了多次的增加或升级，到 2009 年，已经拥有 327 个数字化台站，并且所有的台站都是数字记录。

　　2005 年，土耳其的强震数据库经过了重新的编译，将土耳其国家台网的若干地震目录进行了综合整理，并且根据数据的质量和执行的标准进行了归类，同时通过对台站进行地球物理调查获得了台站的各种场地特征，最终形成了土耳其国家强震动数据库 TR-NSMN（Akkar et al.，2010）。

　　目前，土耳其强震动数据库中的记录时间最早为 1976 年，记录的地震数量为 5644 个，最低震级为 3.0 级，强震记录数量为 22975 组三分量记录。土耳其强震数据库同时提供原始和校正后的地震记录。

2.2.1.7　新西兰 GeoNet 数据库

　　GeoNet 是由地震委员会（Earthquake Commission，EQC）、GNS 科学和新西兰土地信息部门（Land Information New Zealand，LINZ）联合运作的。GeoNet 项目建立于 2001 年，其目的是在新西兰建立一个现代化的地质灾害监测系统。GeoNet 项目包含一个地球物理仪器网络、自动化的软件体系和专业的研究人员，以期发现、分析和应对在大地震前发生的如地震、火山、滑坡、海啸和缓慢变形等。

　　新西兰强震数据库包含过去发生在新西兰的大地震的完整信息，其中包括高品质的数据来源和站点元数据、过去大地震的破裂模型和有明确成分分析的强震记录。它的目的是服务于科学家和工程师感兴趣的大型地震建模。数据包括从1971 年 8 月至 2016 年 11 月的 5514 个地震的 51604 条记录，震级为 3.54～7.85 不等，最大震级的地震为 2016 年 11 月 13 日发生的 7.85 级地震。GeoNet 强震数据库震源分布均位于新西兰及周边海域。

由于并非所有的数据都适用于结构的时程分析，该数据库还额外提供了 756 条适于进行地震动输入的时程记录的列表。该数据库提供所有地震事件的目录，记录了事件的发生时间、地点、震级、台站信息、仪器等资料，还提供新西兰地震断层的模型。GeoNet 的每条地震记录由四个部分构成，为 Vol1、Vol2、Vol3 和 Vol4。Vol1 为原始加速度时程记录，记录中包含地震信息、台站信息、分量方向等参数及加速度时程记录。Vol2 为校正后加速度时程记录，包含滤波的截止频率等校正信息和校正后加速度时程记录。Vol3 记录了阻尼比为 1%、2%、5%、10% 和 20%对应的绝对加速度反应谱。Vol4 记录了傅里叶幅值谱。

2.2.2　本书所选数据库

本书的主要目的是建立一个全球范围内的基于破坏强度排序的地震动数据库，在总结和对比了国内外多个强震数据库的基础上，最终选取了 NGA-West2 数据库作为数据来源，原因在于该数据能提供完整的场地和地震信息，震级-震中距分布如图 2-3 所示。数据分布范围广，包含很多典型地震，研究价值较高，数据已经统一处理，不需要再进行滤波和基线校正。

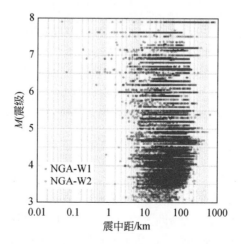

图 2-3　NGA-West2 数据库中记录的震级-震中距分布（Timothy et al.，2014）

本书从 PEER 发布的 NGA-West2 数据库中选取潜在破坏能力较强的地震动组

成一个备选排序数据库。参考《建筑抗震设计标准》（GB/T 50011—2010）中的相关规定："建筑结构的最低设防烈度是 6 度，6 度罕遇设防水平对应的 PGA 为 0.05g。"因此本书将不低于 50 Gal 的水平向地震动记录挑选出来。组成一个备选排序数据库，共计 5535 条地震动记录，本书主要给出了一种新的挑选地震动记录的思路，使用单分量的记录进行研究。触发全球 1885 个台站，共涉及 262 个地震事件。数据库中包含每个地震事件的记录数量也不一样，有的地震事件中只有一条或几条被收集到，有的多达几百条。其中以 1999 年我国台湾的集集地震记录数量最多，有 549 条，约占总记录的 10%；表 2-1 给出了记录数量前十的地震事件名称。

表 2-1　地震动数量前十的地震事件

序号	地震事件	条数	震级
1	Chi-Chi（中国台湾集集地震）	549	7.6
2	Iwate（日本岩平县地震）	292	6.9
3	Northridge-01（美国北岭地震）	282	6.7
4	Chi-Chi-05（中国台湾集集地震）	234	6.2
5	Chuetsu-oki（日本新潟县中越冲地震）	228	6.8
6	Tottori（日本鸟取县地震）	212	6.6
7	Whittier Narrows-01（美国惠蒂尔峡谷地震）	193	6.0
8	Chi-Chi-06（中国台湾集集地震）	164	6.3
9	Niigata（日本新潟县地震）	162	6.6
10	Loma Prieta（美国洛马·普雷塔地震）	156	6.9

注：带数字的地震事件表示余震。

2.3　地震动参数初选

用地震动参数量化地震动对建筑物结构造成的破坏强度，在大量文献中又将地震动参数称为强度指标。本书既要全面地选取地震动参数，又要使参数物理意义明确，目前地震动参数有几十种甚至上百种之多。本书统计了 40 多个代表性的地震动参数如表 2-2 所示。并给出了提出者和提出时间。

表 2-2　常用地震动参数

地震动参数	时间	提出者
峰值加速度（PGA）	19 世纪末	

续表

地震动参数	时间	提出者
峰值速度（PGV）	19 世纪末	
峰值位移（PGD）	19 世纪末	
加速度反应谱（S_a）	1940 年前后	
速度反应谱（S_v）	1940 年前后	
位移反应谱（S_d）	1940 年前后	
Housner 强度（SI）	1952	Housner
均方根加速度（RMSA）	1964	Housner 和 Jennings
均方根速度（RMSV）	1964	Housner 和 Jennings
均方根位移（RMSD）	1964	Housner 和 Jennings
断层附近总持时（t_f）	1965	Housner
Arias 强度（AI）	1970	Arias
Bolt 持时（D_b）	1973	Bolt
90%能量持时（D_s）	1975	Trifunac 和 Brady
平均加速度平方指标（P_a）	1975	Housner
平均速度平方指标（P_v）	1975	Housner
平均位移平方指标（P_d）	1975	Housner
有效峰值加速度（EPA）	1978	McGuire
有效峰值速度（EPV）	1978	McGuire
能量功率参数（$P_{0.9}$）	1982	Jennings
Nau and Hall 指标系列	1982	Nau 和 Hall
修正的 Arias 强度	1984	Ararya 和 Saragoni
强震段持续时间（T_d）	1984	谢礼立
特征强度（I_C）	1985	Park
最大增量速度（MIV）	1987	Anderson 和 Bertero
最大增量位移（MID）	1987	Anderson 和 Bertero
累计绝对速度（CAV）	1988	美国电力研究所
地震动峰值比 ［R_{va}（PGV/PGA）］	1988	
有效设计加速度（EDA）	1988	Benjamin
Fajfar 指标（F_I）	1990	Fajfar

续表

地震动参数	时间	提出者
标准黑积绝对速度（CAVₛ）	1991	美国电力研究所
特征能量密度（SED）	2000	Cosenza 和 Manfredi
Riddcll 指标系列	2001	Ridden
第一振型谱加速度 $S_a(T_1)$	2002	Vamvatsikos 和 Cormell
累计绝对位移（CAD）	20 世纪 50～90 年代谢毓寿、刘恢先等制定的多个烈度表	
累计绝对动量（CAI）	20 世纪 50～90 年代谢毓寿、刘恢先等制定的多个烈度表	
R_{DV}（PGD/PGV）		
有效峰值位移（EPD）		
最大谱加速度（PSA）		
最大谱速度（PSV）		
最大谱位移（PSD）		

本书给出了其中一些地震动参数的计算公式和计算方法。

1. 由地震动直接得出的参数

主要包括 PGA、PGV、PGD、D_b 四个参数，是地震动最基本的参数，当数据缺失时，地震动的速度和位移还可由加速度积分和二次积分得到。PGA 由于其简单方便，至今仍被广泛使用；PGV 比 PGA 能更好地反映损伤强度等级，日本的建筑规范（Japanese Ministry of Construction，2000）将 PGV 作为地震分析地震动参数，给出了不同地震灾害下的 PGV 值；与 PGA 和 PGV 相比，PGD 应用的范围较小；Bolt 持时（又叫括号持时）是指地震动加速度首末两次达到规定阈值所经历的时间。同一条地震动的 Bolt 持时与所选阈值有很大的关系。结合实际地震震害情况，括号持时的阈值一般取 50 Gal。在本书中用到的记录的 D_b 均大于 0。

$$D_b = \max(t) - \min(t) \tag{2-1}$$

式中：t 为加速度达到阈值时的时间。

2. 由地震动记录经过计算和推导得到的参数

1）AI

考虑到弹塑性系统单位质量总耗散能，Arias（1970）提出了适用于所有固有频率结构的新的衡量地震强度的指标，该指标是基于累积能量的大小衡量，通过对地震动加速度的平方积分得到。Travasarou 等（Travasarou and Bray，2003；胡聿贤，2006）通过实验表明，阿里亚斯强度与地震动对建筑物结构的破坏程度有较好的相关性，并且相关性要好于 PGA，其公式如下：

$$AI = \frac{\pi}{2g} \int_0^{T_d} a^2(t)dt \quad (2-2)$$

2）D_u 和 D_s

一致持时 D_u 是在 Bolt 持时（括号持时）的基础上提出的，它是把达到或超过阈值的时间段之和作为持时。对同一条地震动记录，一致持时要小于 Bolt 持时。其公式为

$$D_u = \int_0^\infty H(|a(t)| - a_0)dt \quad (2-3)$$

式中：$H(|a(t)| - a_0)$ 为 Heaviside 函数（单位阶跃函数），当 $|a(t)| - a_0 > 0$ 时，函数 $H=1$，当 $|a(t)| - a_0 > 0$ 时，函数 $H=0$，$a(t)$ 为地震加速度记录规定的阈值，本书取为 50 Gal。

Husid 用 $\int_0^t a^2(t)dt$ 表示地震动能量随时间的增长，其标准式如式（2-4）所示。

$$I(t) = \frac{\int_0^t a^2(t)dt}{\int_0^T a^2(t)dt} \quad (2-4)$$

式中：T 为地震动总持时；$I(t)$ 是一个 0~1 的函数。

利用 Trifunac 和 Brady 等将地震动总能量占比的 5%和 95%作为能量累积过程的起始和结束时间，计算 D_s。其公式如下：

$$\begin{cases} I(T_1) = 0.05 \\ I(T_2) = 0.95 \end{cases} \quad (2-5)$$

$$D_s = I(T_2) - I(T_1) \quad (2-6)$$

式中：T_1 为累积能量为 5%时的时间；T_2 为累积能量为 95%时的时间。

3）CAV 和 CAV_s

美国电力研究所（EPRI）在 1988 年的研究报告（NP-5930）中提出了 CAV 的概念，物理意义为加速度时程中地震动加速度的绝对值对时间的积分。公式如式（2-7）所示。

$$CAV = \int_0^{t_{max}} |a(t)|dt \quad (2-7)$$

式中：$a(t)$ 为加速度记录；t_{max} 是记录的时间长度。

1991 年，EPRI 在报告（TR-100082）中提出了标准累计绝对速度的概念：如果在 1 s 时间段内，加速度的绝对值超过了 $0.025g$，那么就将该秒内的加速度绝对值对时间进行积分，再将整个加速度时程中每秒得到的结果进行累积（胡进军等，2013）。其表达式为

$$CAV_s(t) = \sum \int_{t_i}^{t_i+1} W_i \mid A(t) \mid dt \qquad (2\text{-}8)$$

式中：$A(t)$ 为加速度时程，当 $\mid A(t) \mid_{max} < 0.025g$ 时，$W_i = 0$；当 $\mid A(t) \mid_{max} \geqslant 0.025g$ 时，$W_i = 1$。

4）MIV 和 MID

增量速度代表加速度脉冲下的面积，实际上代表速度变化的增量，它与质量的乘积代表结构的动量或者相当于地震荷载的冲量作用。找出其中面积最大的即为最大增量速度。

与最大增量速度类似，即速度脉冲作用下的面积等于增量位移。选取面积最大的，即为最大增量位移。

3. 通过结构弹性反应得到的参数

1）反应谱值

常见的计算反应谱值的方法有 Newmark 法、精确法等；其计算公式如下：

$$\begin{cases} S_a = \dfrac{1}{\omega'} \left| \int_0^t \ddot{X}(\tau) e^{-\lambda\omega(t-\tau)} \sin\omega'(t-\tau) \right|_{max} \\[4mm] S_v = \left| \int_0^t \ddot{X}(\tau) e^{-\lambda\omega(t-\tau)} \left[\cos\omega'(t-\tau) - \dfrac{\lambda}{\sqrt{1-\lambda^2}} \sin\omega'(t-\tau) \right] d\tau \right|_{max} \\[4mm] S_d = \omega' \left| \int_0^t \ddot{X}(\tau) e^{-\lambda\omega(t-\tau)} \left[\left(1 - \dfrac{\lambda^2}{1-\lambda^2} \right) \sin\omega'(t-\tau) + \dfrac{2\lambda}{\sqrt{1-\lambda^2}} \cos\omega'(t-\tau) \right] d\tau \right|_{max} \end{cases}$$

$$(2\text{-}9)$$

2）EPA 和 EPV

有效峰值加速度为

$$EPA = S_a / 2.5 \qquad (2\text{-}10)$$

EPA 是阻尼比为 5% 的加速度反应谱在 0.1～0.5 s 周期的平均值。

有效峰值速度为

$$EPV = S_v / 2.5 \qquad (2\text{-}11)$$

EPV 是阻尼比为 5% 的速度反应谱在 1 s 周期附近的平均值，通常取 0.8～1.2 s 之间的平均值。

3）SI

SI 是从能量的角度表征地震动破坏强度的参数，其计算公式为

$$SI = \int_{0.1}^{2.5} S_v(\zeta T) dT \qquad (2\text{-}12)$$

式中：T 和 S_v 分别为周期和相对速度反应谱；ζ 为阻尼比。

本书选取了涵盖幅值、持时以及频谱等三要素，且在地震工程中经常用到的地震动参数，因此本书通过对比和分析选用了 17 个地震动参数，具体见表 2-3。

表 2-3 地震动参数初选

参数类型	地震动参数
直接得到的地震动参数	峰值加速度（PGA）
	峰值速度（PGV）
	峰值位移（PGD）
	Bolt 括号持时（D_b）
经过计算得到的地震动参数	一致持时（D_u）
	90%能量持时（D_s）
	阿里亚斯强度（AI）
	最大增量速度（MIV）
	最大增量位移（MID）
	累积速度（CAV）
	标准累计绝对速度（CAV_s）
结构弹性反应得到的地震动参数	T=0.2 s 时的绝对加速度反应谱值（S_a0.2）
	T=0.2 s 时的相对速度反应谱值（S_v0.2）
	T=0.2 s 时的相对位移反应谱值（S_d0.2）
	有效峰值加速度（EPA）（McGuire，1976）
	有效峰值速度（EPV）
	豪斯纳（Housner）谱烈度（SI）

2.4　地震动参数相关性分析及代表性地震动参数选取

2.4.1　相关系数的概念

相关系数描述的是两个变量线性相关的程度。本书用相关系数研究不同地震动参数之间的线性相关程度，在统计学上 Pearson（皮尔逊）相关系数一般用样本相关系数来估计，如式（2-13）所示：

$$r = \frac{\sum_{i=1}^{n}(x_i - \overline{x})(y_i - \overline{y})}{\sqrt{\sum_{i=1}^{n}(x_i - \overline{x})^2 \sum_{i=1}^{n}(y_i - \overline{y})^2}} \qquad (2\text{-}13)$$

$X = (x_1, x_2, \cdots, x_n)$，$Y = (y_1, y_2, \cdots, y_n)$ 分别为 X 和 Y 的两个样本，统计上可以证明，样本相关系数 r 是总体相关系数 ρ 的无偏估计量，即有 $\rho = r$。r 的范围在 −1 和 1 之间，r 的绝对值越大，相关程度越高。对于两变量的相关性在文献（汪冬华，2010）中有相关的规定：$|r| \geqslant 0.8$ 时，相关性很高；$0.5 \leqslant |r| \leqslant 0.8$ 时，相关性一般；$0.3 \leqslant |r| \leqslant 0.5$ 时，相关性较低；$|r| \leqslant 0.3$ 时，相关性很小或不相关。

2.4.2　地震动参数相关性分析

利用 PEER 数据库中加速度峰值大于 50 Gal 的地震动数据对上面 17 种地震动参数进行相关性分析，分析各地震动参数之间相关性强弱，求其皮尔森相关系数，计算结果如表 2-4 所示。在选取地震动代表性参数时，以计算方便，使用频率较高，物理意义明确作为主要选取原则。

表 2-4　地震动参数的相关系数表

	PGA	PGV	PGD	D_u	D_b	D_s	MIV	MID	AI	CAV	EPA	EPV	$S_a0.2$	$S_d0.2$	$S_v0.2$	SI	CAV$_s$
PGA	1																
PGV	0.61	1															
PGD	0.28	0.79	1														
D_u	0.66	0.71	0.51	1													
D_b	0.45	0.42	0.31	0.6	1												
D_s	0.19	0.06	0.21	0.07	0.21	1											
MIV	0.61	0.96	0.7	0.69	0.4	0.06	1										
MID	0.23	0.77	0.99	0.47	0.28	0.22	0.67	1									
AI	0.82	0.59	0.33	0.68	0.55	0.02	0.58	0.28	1								
CAV	0.64	0.7	0.54	0.91	0.7	0.35	0.69	0.49	0.75	1							
EPA	0.92	0.67	0.3	0.72	0.49	0.16	0.66	0.25	0.79	0.7	1						
EPV	0.64	0.84	0.46	0.71	0.41	0.01	0.87	0.42	0.63	0.69	0.71	1					
$S_a0.2$	0.87	0.55	0.24	0.65	0.44	0.18	0.54	0.19	0.72	0.61	0.93	0.57	1				

续表

	PGA	PGV	PGD	D_u	D_b	D_s	MIV	MID	AI	CAV	EPA	EPV	$S_a0.2$	$S_d0.2$	$S_v0.2$	SI	CAV_s
$S_d0.2$	0.87	0.55	0.24	0.65	0.44	0.18	0.54	0.19	0.72	0.61	0.93	0.57	1	1			
$S_v0.2$	0.85	0.47	0.19	0.6	0.43	0.19	0.45	0.14	0.71	0.57	0.9	0.47	0.99	0.99	1		
SI	0.66	0.92	0.57	0.75	0.44	0.04	0.94	0.53	0.65	0.74	0.73	0.95	0.6	0.6	0.5	1	
CAV_s	0.7	0.73	0.53	0.95	0.68	0.2	0.71	0.48	0.79	0.98	0.75	0.72	0.66	0.66	0.63	0.77	1

注：表中标红部分为相关系数较高的结果。

（1）将 PGA 与 AI、$S_a0.2$、$S_v0.2$、$S_d0.2$、EPA 作线性拟合分析，得出散点图如图 2-4 所示，并得到线性回归方程如表 2-5 所示。

（2）PGD 和 MID 参数的相关系数为 0.99，将 PGD 与 MID 作线性拟合分析，得出散点图如图 2-5 所示，并得到线性回归方程如表 2-5 所示。

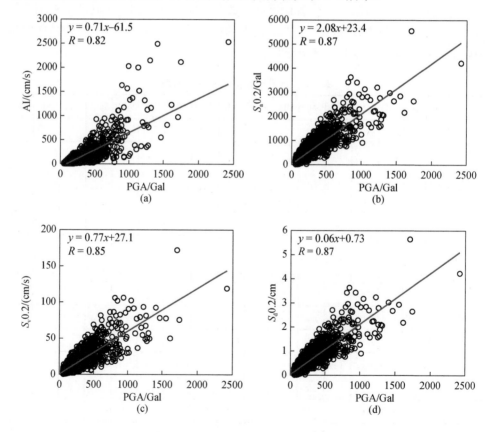

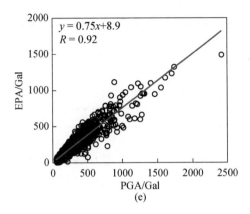

图 2-4　PGA 与 AI、$S_a0.2$、$S_v0.2$、$S_d0.2$、EPA 的线性拟合关系

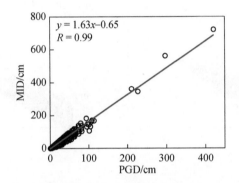

图 2-5　PGD 与 MID 的线性拟合关系

表 2-5　代表性参数与其他相关性较高的参数的回归方程

地震动参数（y）	代表性地震动参数（x）	回归方程	相关系数 R
AI		$y = 0.71x - 61.5$	0.82
$S_a0.2$		$y = 2.08x + 23.4$	0.87
$S_v0.2$	PGA	$y = 0.77x + 27.1$	0.87
$S_d0.2$		$y = 0.06x + 0.73$	0.85
EPA		$y = 0.75x + 8.9$	0.92
MID	PGD	$y = 1.63x + 0.65$	0.99
EPV		$y = 0.57x + 1.51$	0.84
MIV	PGV	$y = 1.41x + 1.1$	0.96
SI		$y = 1.43x + 3.68$	0.92

地震动参数（y）	代表性地震动参数（x）	回归方程	相关系数 R
CAV	D_u	$y = 161.94x + 233.02$	0.91
CAV_s		$y = 78.87x + 55.18$	0.95
D_b	D_b		
D_s	D_s		

（3）累积速度 CAV、标准累计绝对速度 CAV_s、一致持时 D_u 的相关系数（均在 0.90 以上）如表 2-4 所示，可用 D_u 替代其他参数。将 D_u 与 CAV、CAV_s 作线性拟合分析，得出散点图如图 2-6 所示，并得到线性回归方程如表 2-5 所示。

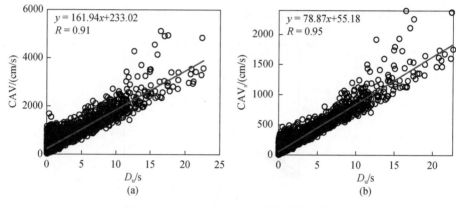

图 2-6 D_u 与 CAV、CAV_s 的线性拟合关系

（4）PGV 与 EPV、MIV、SI 的相关系数（均在 0.85 以上）如表 2-4 所示，可用 PGV 替代其他参数。将 PGV 与 EPV、MIV 以及 SI 作线性拟合分析，得出散点图如图 2-7 所示，并得到线性回归方程如表 2-5 所示。

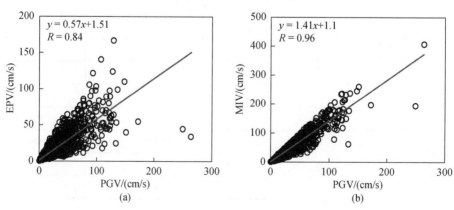

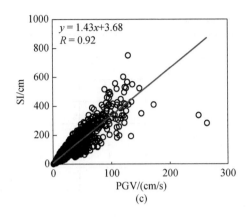

图 2-7　PGV 与 EPV、MIV 以及 SI 的线性拟合关系

通过分析得到 4 组共计 15 个参数，从中挑选出 PGA、PGV、PGD 以及 D_u 表示其他参数。由表 2-4 可以得到，D_b 与 D_s 和其他参数的相关系数均较小，相对比较独立，所以需要对其进行单独考虑，因此最终从 17 个地震动参数中挑选出 6 个。在保证全面进行地震动特征分析的基础上，大大减少了需要分析的地震动参数的个数。

2.5　地震动记录的场地分类

通过相关性分析得到 6 个相对独立的代表性地震动参数，并基于这些参数对地震动记录进行排序，但是在排序之前场地因素是一个重要的影响因素，是目前国内外抗震设计选取输入地震动时都会考虑的一个因素。本书的最终目的同样是基于地震动破坏强度的排序结果选取合理的输入地震动进行抗震设计。但是对于场地分类的标准各个国家也是不一样的。以中美两国为例，常用场地分类的方法如表 2-6 和表 2-7 所示。

表 2-6　USGS 场地分类（依据 V_{s30}）

场地分类	V_{s30}/（m/s）
A	>1500
B	760~1500
C	360~760
D	180~360
E	<180

表 2-7 我国场地分类（依据 V_{se}、场地覆盖层厚度）

岩石的剪切波速或土的等效剪切波速/（m/s）	场地分类				
	I_0	I_1	II	III	IV
$V_s > 800$	0				
$800 \geqslant V_s > 500$		0			
$500 \geqslant V_{se} > 250$		<5	$\geqslant 5$		
$250 \geqslant V_{se} > 150$		<3	3～50	>50	
$V_{se} \leqslant 150$		<3	3～15	15～80	>80

注：V_s 系岩石的剪切波速。

通过对比中美场地分类标准，美国主要依据 30 m 处的剪切波速（V_{s30}），而我国主要依据 20 m 以内的等效剪切波速以及场地的覆盖层厚度两个因素进行确定。本书中使用的地震动主要来源于美国 PEER 的 NGA-West2 数据库，只有 V_{s30} 相关数据，而没有场地覆盖层厚度等参数。因此使用我国场地分类方法时需要进行中美场地分类转换。吕红山和郭峰等人进行了相关的研究（郭锋等，2012；吕红山和赵凤新，2007）。本书在场地分类时引用了郭峰的场地分类转换标准。分类标准和地震动分类结果如表 2-8 所示。

表 2-8 场地分类结果

场地分类	$V_s 30$/（m/s）	地震动数量/条
I 类场地	>550	846
II 类场地	（265,550]	3646
III 类场地	（165,265]	979
IV 类场地	≤165	64

2.6 基于代表性地震动参数的地震动记录排序

本节以所选地震动为基础，选取 PGA、PGV、PGD、D_u、D_b 和 D_s 共 6 个代表性地震动参数，基于选择的地震动参数分别对地震动记录进行排序。为了简便清晰地解释地震动排序结果，本书给出不同场地内各参数排名第 1 名、第 21 名、第 41 名等代表排名下水平向地震动记录及其他信息，如表 2-9～表 2-14 所示。本书基于地震动参数排名以及后面给出的基于破坏强度参数排名都是指地震动水平单方向排名。

表 2-9　基于 PGA 排名的地震动记录基本信息

排名	I类场地 记录名称	PGA/(cm/s²)	II类场地 记录名称	PGA/(cm/s²)	III类场地 记录名称	PGA/(cm/s²)	IV类场地 记录名称	PGA/(cm/s²)
1	RSN1051_NORTHR_PUL104	1553.25	RSN5482_IWATE_AKTH04EW	2419.14	RSN1087_NTHR_TAR090	1743.83	RSN8123_CCCH_REHS S88E	701.03
21	RSN4873_CHUETU_650 56NS	712.32	RSN1004_NORTHR_SP V360	913.37	RSN160_ILH_H-BCR 140	586.75	RSN808_LOMAP_TRI0 90	156.87
41	RSN4874_CHUTSU_650 57NS	503.04	RSN1602_DUZCE_BOL 090	789.57	RSN6927_DAD_LINC N23E	452.12	RSN6206_TOTTI.1_HR S013EW	84.11
61	RSN150_COYTELK_G0 6230	413.35	RSN5663_IWATE_MY G004EW	679.40	RSN8064_H_CCCCN 26W	376.41	RSN5470_IWATE_AKT 015NS	54.39
81	RSN763_LOMAP_GIL06 7	351.36	RSN3474_CHICHI.06_T CU079N	613.73	RSN169_ILH_H-DL T352	342.71		
101	RSN2734_CHICH4_CH Y074E	315.81	RSN4103_PARK2004_C 04090	563.90	RSN5672_E_MYG013 EW	308.81		
121	RSN4864_CHUEU_6503 7NS	278.27	RSN3217_CHICHI05_T CU129E	517.52	RSN8606_MEX_CIW ESHNE	275.30		
141	RSN222_LIVERMOR_B -O355	252.84	RSN1504_CHICHI_TCU 067-E	488.98	RSN778_LOMAP_HD A165	263.55		
161	RSN8968_143839_US70 7090	235.30	RSN6911_DARFIELDO RCS72E	467.09	RSN31_PARKF_C080 50	242.57		
181	RSN4841_CHUEU_6500 4EW	218.81	RSN5265_CETSU_N019 EW	454.64	RSN4081_PAR004_C 05360	228.05		
201	RSN4097_PARK20_SCN 090	206.35	RSN230_MAMMO_I-C VK180	433.58	RSN768_LOMAP_G0 4090	212.09		

续表

排名	I类场地		II类场地		III类场地		IV类场地	
	记录名称	PGA/(cm/s²)	记录名称	PGA/(cm/s²)	记录名称	PGA/(cm/s²)	记录名称	PGA/(cm/s²)
221	RSN8968_14383980_707360	194.16	RSN568_SANSALV_GIC180	412.42	RSN3857_HI.05_CHY002N	205.15		
241	RSN4231_NIIGATNIGH15EW	179.91	RSN569_SANSALV_NGI180	395.89	RSN5823_SIE.MEX_CHI090	193.05		
261	RSN4887_CHTSU_6CB61NS	167.46	RSN723_SUPER.B_B-PTS315	376.58	RSN167_IM.H_H-CMP015	182.91		
281	RSN4870_CHUEU_65043EW	158.61	RSN4451_MONEGRO_BSO000	364.96	RSN3222_05_TCU141W	170.26		
301	RSN12267_499209_58790360	150.43	RSN4223_NIIGA_NIGH06NS	356.04	RSN342_C.H_H-COH090	160.46		
321	RSN4069_PARK204_JACK-90	143.50	RSN4861_CHUETSU_65034NS	344.55	RSN314_WESRL_BRA225	151.67		
341	RSN1612_DUZCE_1059-E	133.92	RSN4383_UBHE.P_J-BCT090	327.14	RSN5_NIF.AB_A-FRN045	147.07		
361	RSN598_IER.A_A-TUJ262	125.30	RSN770_LOMAP_GMR090	316.96	RSN9592_1337_14869360	143.37		
381	RSN225_ANZA_PFT135	119.97	RSN3963_TOTTORI_TTR006NS	308.65	RSN1105_KOBE_HIK000	136.64		

表 2-10　基于 PGV 排名的地震动记录基本信息

排名	I类场地 记录名称	I类场地 PGV/(cm/s)	II类场地 记录名称	II类场地 PGV/(cm/s)	III类场地 记录名称	III类场地 PGV/(cm/s)	IV类场地 记录名称	IV类场地 PGV/(cm/s)
1	RSN1492_CHICHI_TCU052-N	172.16	RSN1505_CHICHI_TCU068-N	263.83	RSN4896_CHUETSU_SG01EW	125.13	RSN8123_CCHURCH_REHSS88E	86.48
21	RSN1507_CHICHI_TCU071-N	67.51	RSN4875_CHUETSU_65058EW	102.48	RSN179_IMPVALL.H-E04230	80.33	RSN5271_CHUETSU_NIG025NS	23.26
41	RSN4874_CHUETSU_65057NS	50.16	RSN1605_DUZCE_DZC270	84.15	RSN5827_SIERRA.MEX_MDO000	61.49	RSN608_WHITTIER.A-WAT270	10.77
61	RSN1633_MANJIL_ABBAR--L	42.41	RSN1513_CHICHI_TCU079-E	70.47	RSN8064_CCHURCH_CCCCN26W	54.43	RSN452_MORGAN_A01310	4.73
81	RSN1484_CHICHI_TCU042-E	37.00	RSN1489_CHICHI_TCU049-N	62.25	RSN1540_CHICHI_TCU115-E	48.64		
101	RSN796_LOMAP_PRS090	32.79	RSN1535_CHICHI_TCU109-E	56.83	RSN174_IMPVALL.H-E11230	44.56		
121	RSN8164_DUZCE_487-EW	28.93	RSN1498_CHICHI_TCU059-N	53.46	RSN8067_CCHURCH_CMHSS80E	40.46		
141	RSN5478_IWATE_AKT023EW	23.71	RSN900_LANDERS_YER270	51.07	RSN6966_DARFIELD_SHLCS40W	37.55		
161	RSN801_LOMAP_SJTE315	21.49	RSN1480_CHICHI_TCU036-N	47.49	RSN3317_CHICHI.06_CHY101E	34.17		
181	RSN989_NORTHR_CHL070	18.98	RSN1509_CHICHI_TCU074-N	44.90	RSN6_IMPVALL.I-ELC270	31.29		
201	RSN1434_CHICHI_TAP049-N	16.79	RSN3964_TOTTORI_TTR07NS	42.76	RSN1410_CHICHI_TAP003-E	28.80		

续表

排名	I类场地		II类场地		III类场地		IV类场地	
	记录名称	PGV/(cm/s)	记录名称	PGV/(cm/s)	记录名称	PGV/(cm/s)	记录名称	PGV/(cm/s)
221	RSN1278_CHICHI_HWA029-E	15.28	RSN4451_MONTENE.BSO000	41.20	RSN169_IMPVALL.H_H-DLT262	26.30		
241	RSN1520_CHICHI_TCU088-E	14.02	RSN3966_TOTTORI_TTR009NS	39.73	RSN165_IMPVALL.H_H-CHI012	24.78		
261	RSN794_LOMAP_DMH090	13.09	RSN1728_NORTH392_RRS228	38.12	RSN5990_SIERRA.MEX_E07090	23.62		
281	RSN5799_IWATE_55432NS	12.49	RSN5780_IWATE_54015EW	36.83	RSN1116_KOBE_SHI090	21.79		
301	RSN1268_CHICHI_HWA017-E	11.78	RSN4866_CHUETSU_65039EW	35.07	RSN1337_CHICHI_ILA049-E	20.94		
321	RSN1117_KOBE_TOT000	11.11	RSN3645_SMART1.40_40M04EW	33.81	RSN2710_CHICHI.04_CHY036N	19.92		
341	RSN957_NORTHR_HOW060	10.70	RSN3474_CHICHI.06_TCU079N	32.87	RSN2752_CHICHI.04_CHY101N	18.83		
361	RSN5789_IWATE_54060EW	9.81	RSN952_NORTHR_MU2125	31.36	RSN1212_CHICHI_CHY054-E	17.75		
381	RSN2635_CHICHI.03_TCU089E	9.28	RSN95_MANAGUA_A-ESO180	30.70	RSN1200_CHICHI_CHY033-N	17.12		

表 2-11　基于 PGD 排名的地震动记录基本信息

排名	I类场地		II类场地		III类场地		IV类场地	
	记录名称	PGD/cm	记录名称	PGD/cm	记录名称	PGD/cm	记录名称	PGD/cm
1	RSN1492_CHICHI_TCU052-N	226.35	RSN1505_CHICHI_TCU068-N	421.25	RSN6975_DARFIELD_TPN27W	79.36	RSN6959_DARFIELD_RSN02E	54.77
21	RSN1475_CHICHI_TCU026-E	44.26	RSN1490_CHICHI_TCU050-E	60.60	RSN6952_DARFIELD_PPHSS57E	49.32	RSN3934_TOTTORI_SMN002EW	11.51
41	RSN1520_CHICHI_TCU088-N	29.01	RSN1477_CHICHI_TCU031-E	51.78	RSN5825_SIERRA.MEX_GEO090	40.75	RSN760_LOMAP_MEN360	4.02
61	RSN1350_CHICHI_ILA067-N	19.89	RSN1541_CHICHI_TCU116-E	46.42	RSN6890_DARFIELD_CMHN10E	34.77	RSN201_IMPVALL.A-A-E03140	1.19
81	RSN2734_CHICHI.04_CHY074N	16.17	RSN1535_CHICHI_TCU109-E	41.97	RSN5992_SIERRA.MEX_E11360	30.30		
101	RSN1518_CHICHI_TCU085-E	13.23	RSN2114_DENALI_PS10-317	36.66	RSN1101_KOBE_AMA000	26.58		
121	RSN1165_KOCAELI_IZT180	11.83	RSN1522_CHICHI_TCU092-E	33.81	RSN5976_SIERRA.MEX_CAL090	23.64		
141	RSN2627_CHICHI.03_TCU076E	10.15	RSN292_ITALY_A-STU270	29.30	RSN1544_CHICHI_TCU119-E	21.17		
161	RSN1347_CHICHI_ILA063-W	9.08	RSN1269_CHICHI_HWA019-E	25.81	RSN6953_DARFIELD_PRPCW	20.05		
181	RSN1211_CHICHI_CHY052-N	8.23	RSN1634_MANJIL_184327	24.09	RSN1317_CHICHI_ILA013-W	18.55		
201	RSN4846_CHUETSU_65009NS	7.53	RSN878_LANDERS_DEL000	22.04	RSN8090_CCHURCH_HCN04W	16.97		

续表

排名	I类场地		II类场地		III类场地		IV类场地	
	记录名称	PGD/cm	记录名称	PGD/cm	记录名称	PGD/cm	记录名称	PGD/cm
221	RSN1206_CHICHI_CHY042-E	6.92	RSN874_LANDERS_OR2280	20.56	RSN1423_CHICHI_TAP026-E	15.52		
241	RSN4854_CHUETSU_65020EW	6.46	RSN1085_NORTHR_SCE281	18.78	RSN1418_CHICHI_TAP014-E	14.85		
261	RSN796_LOMAP_PRS090	6.04	RSN2628_CHICHI.03_U078E	17.57	RSN1207_CHICHI_CHY044-N	14.20		
281	RSN1050_NORTHR_PAC265	5.41	RSN4866_CHUETSU_65039EW	16.50	RSN737_LOMAP_AGW090	12.56		
301	RSN769_LOMAP_G06000	5.07	RSN5818_IWATE_48A61NS	15.82	RSN3311_CHICHI.06_CHY092W	11.43		
321	RSN804_LOMAP_SSF205	4.66	RSN1437_CHICHI_TAP053-E	15.14	RSN1141_DINAR_DIN090	10.89		
341	RSN2626_CHICHI.03_TCU075E	4.26	RSN1348_CHICHI_ILA064-N	14.61	RSN8099_CCHUCH_KPOCN15E	9.89		
361	RSN2635_CHICHI.03_TCU089N	4.00	RSN1812_HECTOR_MCR180	13.95	RSN1323_CHICHI_ILA027-N	9.48		
381	RSN4231_NIIGATA_NIGH15NS	3.64	RSN1782_HECTOR_FFP180	13.26	RSN757_LOMAP_DUMB267	8.63		

表 2-12　基于 D_u 排名的地震动记录基本信息

排名	I类场地		II类场地		III类场地		IV类场地	
	记录名称	D_u/s	记录名称	D_u/s	记录名称	D_u/s	记录名称	D_u/s
1	RSN1517_CHICHI_TCU084-E	22.42	RSN1549_CHICHI_TCU129-E	22.63	RSN5827_SIERRA.MEX_MDO000	22.33	RSN6959_DARFIELD_REHSN02E	9.105
21	RSN1551_CHICHI_TCU138-N	10.95	RSN1231_CHICHI_CHY080-N	14.16	RSN1244_CHICHI_CHY101-E	12.85	RSN5271_CHUETSU_NIG025NS	3.38
41	RSN1051_NORTHR_PUL104	8.22	RSN1541_CHICHI_TCU116-E	11.61	RSN1120_KOBE_TAK090	9.79	RSN962_NORTHR_WAT180	0.72
61	RSN1202_CHICHI_CHY035-E	6.84	RSN864_LANDERS_JOS000	10.82	RSN5990_SIERRA.MEX_E07360	8.10	RSN4201_NIIGATA_NIG011NS	0.03
81	RSN4482_L-AQUILA_CU104XTE	5.72	RSN752_LOMAP_CAP000	10.07	RSN8066_CCHURCH_CHHCS89W	7.04		
101	RSN1548_CHICHI_TCU128-N	5.01	RSN164_IMPVALL.H_H-CPE237	9.61	RSN8064_CCHURCH_CCCCN26W	6.20		
121	RSN1165_KOCAELI_IZT090	4.59	RSN1063_NORTHR_RRS318	8.97	RSN6890_DARFIELD_CMHSS80E	5.56		
141	RSN1488_CHICHI_TCU048-E	4.02	RSN1205_CHICHI_CHY041-E	8.49	RSN8118_CCHURCH_PPHSS33W	5.01		
161	RSN5472_IWATE_AKT0177NS	3.62	RSN1186_CHICHI_CHY014-N	8.02	RSN319_WESMORL_WSM180	4.71		
181	RSN587_NEWZEAL_A-MAT083	3.18	RSN3753_LANDERS_FVR045	7.59	RSN6965_DARFIELD_SBRCS31E	4.28		
201	RSN4455_MONTENE.GRO_HRZ090	2.76	RSN963_NORTHR_ORR090	7.10	RSN8090_CCHURCH_HPSCS86W	3.89		

续表

排名	I类场地		II类场地		III类场地		IV类场地	
	记录名称	D_u/s	记录名称	D_u/s	记录名称	D_u/s	记录名称	D_u/s
221	RSN1161_KOCAELI_GBZ270	2.35	RSN139_TABAS_DAY-L1	6.76	RSN4212_NIIGATA_NIG022EW	3.58		
241	RSN3943_TOTTORI_SMN015NS	2.08	RSN1077_NORTHR_STM090	6.58	RSN1100_KOBE_ABN000	3.22		
261	RSN1280_CHICHI_HWA031-N	1.88	RSN1496_CHICHI_TCU056-N	6.26	RSN737_LOMAP_AGW000	2.98		
281	RSN663_WHITTIER.A_A-MTW090	1.70	RSN4862_CHUETSU_65035EW	6.05	RSN5798_IWATE_55429EW	2.64		
301	RSN3307_CHICHI.06_CHY086N	1.55	RSN832_LANDERS_ABY090	5.84	RSN1410_CHICHI_TAP003-N	2.35		
321	RSN11561_10275733_US707360	1.40	RSN1528_CHICHI_TCU101-E	5.59	RSN738_LOMAP_NAS270	2.14		
341	RSN72_SFERN_L04201	1.21	RSN6013_SIERRA.MEX_2027A090	5.43	RSN614_WHITTIER.A_A-BIR090	1.94		
361	RSN144_DURSUN.BEY_DUR--T	1.05	RSN6960_DARFIELD_RHSCN86W	5.22	RSN331_COALINGA.H_H-C05360	1.80		
381	RSN4893_CHUETSU_70031EW	0.91	RSN990_NORTHR_LAC090	5.08	RSN5805_IWATE_55447EW	1.61		

表 2-13 基于 D_b 排名的地震动记录基本信息

排名	I类场地		II类场地		III类场地		IV类场地	
	记录名称	D_b/s	记录名称	D_b/s	记录名称	D_b/s	记录名称	D_b/s
1	RSN3932_TOTTORI_OKYH14EW	249.21	RSN5657_IWATE_IWTH25NS	265.22	RSN5975_SIERRA.MEX_CXO090	131.02	RSN5665_IWATE_MYG006EW	48.98
21	RSN1521_CHICHI_TCU089-E	32.33	RSN5482_IWATE_AKTH04EW	170.81	RSN5829_SIERRA.MEX_RII000	44.13	RSN5628_IWATE_IWT020EW	12.62
41	RSN1502_CHICHI_TCU064-E	25.82	RSN901_BIGBEAR_BLC360	43.52	RSN1213_CHICHI_CHY055-W	38.32	RSN4201_NIIGATA_NIG011EW	5.79
61	RSN4876_CHUETSU_65059NS	22.75	RSN1547_CHICHI_TCU123-E	38.65	RSN1187_CHICHI_CHY015-N	32.88	RSN4201_NIIGATA_NIG011NS	0.03
81	RSN4876_CHUETSU_65059EW	20.20	RSN3756_LANDERS_MVP090	35.55	RSN165_IMPVALL.H_H-CHI282	29.62		
101	RSN928_BIGBEAR_SAG090	17.19	RSN1546_CHICHI_TCU122-E	33.32	RSN1237_CHICHI_CHY090-N	26.52		
121	RSN5474_IWATE_AKT019EW	15.96	RSN1495_CHICHI_TCU055-E	31.68	RSN8606_SIERRA.MEX_CIWESHNN	23.16		
141	RSN4850_CHUETSU_65013NS	14.95	RSN1515_CHICHI_TCU082-N	30.11	RSN6927_DARFIELD_LINCN67W	21.49		
161	RSN1165_KOCAELI_IZT090	13.98	RSN1489_CHICHI_TCU049-N	28.26	RSN1120_KOBE_TAK090	19.27		
181	RSN4844_CHUETSU_65007EW	12.84	RSN3874_TOTTORI_HRS005EW	26.66	RSN721_SUPER.B_B-ICC090	17.41		
201	RSN4841_CHUETSU_65004NS	12.00	RSN4857_CHUETSU_65027NS	25.85	RSN758_LOMAP_EMY350	15.68		

续表

排名	I类场地		II类场地		III类场地		IV类场地	
	记录名称	D_b/s	记录名称	D_b/s	记录名称	D_b/s	记录名称	D_b/s
221	RSN4844_CHUETSU_65007NS	11.24	RSN3760_LANDERS_BLC360	25.14	RSN8118_CCHURCH_PPHSS57E	14.78		
241	RSN3220_CHICHI.05_TCU138W	10.07	RSN4860_CHUETSU_65033NS	24.34	RSN458_MORGAN_G04270	13.85		
261	RSN4845_CHUETSU_65008EW	9.49	RSN5816_IWATE_48A41EW	23.51	RSN5259_CHUETSU_NIG013EW	13.17		
281	RSN495_NAHANNI_S1010	8.88	RSN1190_CHICHI_CHY019-N	22.53	RSN183_IMPVALL.H_H-E08140	12.69		
301	RSN3472_CHICHI.06_TCU076N	8.21	RSN8157_CCHURCH_HVSCS64E	21.58	RSN338_COALINGA.H_H-Z14000	12.26		
321	RSN1041_NORTHR_MTW000	7.52	RSN5780_IWATE_54015NS	21.14	RSN8130_CCHURCH_SHLCS50E	11.76		
341	RSN2709_CHICHI.04_CHY035E	7.02	RSN5652_IWATE_IWTH20EW	20.63	RSN126_GAZLI_GAZ090	11.42		
361	RSN763_LOMAP_GIL067	6.61	RSN828_CAPEMEND_PET000	20.18	RSN5797_IWATE_55208EW	11.00		
381	RSN4069_PARK2004_JACK-90	6.04	RSN573_SMART1.45_45I01EW	19.61	RSN20_NCALIF.FH_H-FRN044	10.76		

表 2-14 基于 D_s 排名的地震动记录基本信息

排名	I 类场地		II 类场地		III 类场地		IV 类场地	
	记录名称	D_s/s	记录名称	D_s/s	记录名称	D_s/s	记录名称	D_s/s
1	RSN4885_CHUETSU_69151NS	41.10	RSN2110_DENALI_FAIG0360	103.98	RSN5976_SIERRA.MEX_CAL360	149.48	RSN5257_CHUETSU_NIG011EW	74.50
21	RSN1551_CHICHI_TCU138-N	31.73	RSN1342_CHICHI_ILA055-N	60.46	RSN5972_SIERRA.MEX_BRA090	77.27	RSN1310_CHICHI_ILA004-W	40.99
41	RSN4888_CHUETSU_6E101EW	28.39	RSN5493_IWATE_AKTH17NS	46.42	RSN4203_NIIGATA_NIG013EW	67.39	RSN4215_NIIGATA_NIG025EW	17.88
61	RSN3459_CHICHI.06_TCU052N	26.31	RSN4230_NIIGATA_NIGH13NS	40.43	RSN3862_CHICHI.05_CHY012W	57.48	RSN808_LOMAP_TRI000	5.76
81	RSN3471_CHICHI.06_TCU075N	24.71	RSN5768_IWATE_YMTH09EW	38.90	RSN1553_CHICHI_TCU141-N	51.76		
101	RSN1315_CHICHI_ILA010-W	23.53	RSN882_LANDERS_FHS000	37.21	RSN3511_CHICHI.06_TCU140W	48.86		
121	RSN1582_CHICHI_TTN032-N	22.67	RSN3495_CHICHI.06_TCU109N	36.01	RSN1247_CHICHI_CHY107-W	45.48		
141	RSN3509_CHICHI.06_TCU138W	21.79	RSN1163_KOCAELI_DHM000	35.13	RSN1332_CHICHI_ILA042-N	43.47		
161	RSN3202_CHICHI.05_TCU102E	21.17	RSN1557_CHICHI_TTN001-N	34.14	RSN3501_CHICHI.06_TCU119E	41.46		
181	RSN5791_IWATE_54065EW	20.33	RSN3759_LANDERS_WWT270	33.39	RSN1332_CHICHI_ILA042-E	39.78		
201	RSN3938_TOTTORI_SMN006EW	19.74	RSN5486_IWATE_AKTH08NS	32.39	RSN2754_CHICHI.04_CHY104N	37.58		

续表

排名	I 类场地		II 类场地		III 类场地		IV 类场地	
	记录名称	D_I/s	记录名称	D_I/s	记录名称	D_I/s	记录名称	D_I/s
221	RSN1159_KOCAELI_ERG180	18.75	RSN1516_CHICHI_TCU083-N	31.95	RSN721_SUPER.B_ICC090	35.72		
241	RSN5283_CHUETSU_NIGH10EW	18.23	RSN1014_NORTHR_LBC360	31.14	RSN6576_NIIGATA_GNMH06EW	34.42		
261	RSN3174_CHICHI.05_TCU048N	17.43	RSN5062_CHUETSU_GNM003EW	30.62	RSN2949_CHICHI.05_CHY033N	33.13		
281	RSN3093_CHICHI.05_KAU050E	17.02	RSN164_IMPVALL.H_H-CPE147	30.09	RSN5748_IWATE_YMT005NS	32.13		
301	RSN5472_IWATE_AKT017NS	16.45	RSN2114_DENALI_PS10-317	29.46	RSN3866_CHICHI.06_CHY008N	30.60		
321	RSN2980_CHICHI.05_CHY086N	15.48	RSN1541_CHICHI_TCU116-E	29.04	RSN4240_NIIGATA_TCG009NS	29.27		
341	RSN3018_CHICHI.05_HWA031E	14.74	RSN1503_CHICHI_TCU065-E	28.56	RSN1328_CHICHI_ILA036-E	28.49		
361	RSN63_SFERN_FTR056	14.37	RSN912_BIGBEAR_LAC180	28.01	RSN5612_IWATE_IWT003EW	27.58		
381	RSN3183_CHICHI.05_TCU057N	13.42	RSN354_COALINGA.H_H-PG5000	27.65	RSN5837_SIERRA.MEX_01711-90	26.63		

2.7　小　　结

选取输入地震动记录进行结构抗震时，最基本的目的是：准确选取具有破坏强度的地震动记录输入结构中进行抗震设计。地震动的破坏强度通过地震动参数来体现，因此，合理地选取地震动破坏参数同样非常重要。本章的主要目的有两个：①选取具有潜在破坏能力的地震动记录；②合理地选取地震动破坏参数描述地震动的潜在破坏能力。因此通过本章的整理和分析，得到了以下结论。

（1）为了选取具有潜在破坏能力的地震动数据集合，本书先对目前世界上比较常用的数据库进行分析，明确各个数据库的特点。例如 NGA-West2 数据库、KiK-NET 数据库、VDC 数据库等等。最终通过对比和分析选取了 NGA-West2 数据库作为本书数据来源。从中选取 PGA 大于 50 Gal 的水平向地震动记录作为具有潜在破坏能力的地震动记录集合。

（2）为了能够全面、合理地选取地震动破坏参数，对地震动的潜在破坏能力进行分析。本书首先进行地震动参数初选，尽可能多地选取地震动参数，同时为了计算和分析的简便性，也为了避免多个地震动参数表征地震动破坏机理相同或类似而产生混淆，本书对初选的 17 个地震动进行相关性分析，初步选取了 PGA、PGV、PGD、D_u、D_b 和 D_s 共 6 个代表性地震动参数作为排序标准。

第3章 结构周期段划分

3.1 引　言

结构的种类成百上千，不同结构在地震作用下的响应是显著不同的。单一的地震动参数难以全面反映全部类型的结构在地震动作用下的破坏机理（Kostinakis et al.，2018），为每种结构都给出推荐的设计地震动太过冗杂，也是不现实的。值得注意的是无论结构特征（例如结构系统的类型、建筑材料、层数、设计细节等）如何，但是根据这些结构在地震作用下的反应规律，将这些结构分为有限的几类结构是可行的。假设强震作用下相同结构类别的破坏机制相同或相似，并针对同一类型的结构给出一个小的推荐地震动集。只要将误差控制在一个小的范围内，就可以判断基于该方法选取输入地震动是合理的。

研究表明，强震下的结构响应与结构的自振周期密切相关（Hu et al.，2020；翟长海，2002；Xu et al.，2014），Hu 等（2020）研究得出相邻周期点的潜在破坏势排序相关性较高，当周期间隔较大时，相应的潜在破坏势排序变化较大；但屈服强度在一般范围内变化时，对潜在破坏势排序影响不大，因此，本书在划分结构类别时主要根据结构的自振周期进行划分，总的周期范围为 0.05～10 s。

Newmark-Hall 谱在划分结构周期段时有很好的应用，早期抗震设计谱标定中，求解设计谱经验表达式时有相关应用，并且不断得到改进和发展（Newmark and Hall，1973；Seed et al.，1976）。Malhotra（2006）分析了 PGA、PGV 和 PGD 等幅值参数与加速度反应谱之间的相关性，并根据相关性结果划分了周期段范围。Xu 等（2014）利用 220 条地震动记录计算了基于 PGA、PGV 和 PGD 的归一化反应谱，并通过变异系数确定了不同的结构敏感周期段。除此之外，谢礼立和翟长海在选取最不利设计地震动时给出了明确的短周期、中周期以及长周期的周期范围（翟长海，2002）：短周期（0～0.5 s）、中周期（0.5～1.5 s）、长周期（1.5 s～5.5 s）。该周期段划分结果得到广泛的应用。

本书在分析地震动对不同结构破坏能力时，可以将相邻自振周期中结构响应、结构破坏机理相近的结构归为一类进行分析。分别用了改进的 Newmark-Hall 谱的地震工程学方法和模糊 C 聚类的统计学方法进行周期段划分。在每个周期段内，可以认为结构响应趋近一致，相关性较高，离散性较小。最后给出推荐的结构周期段划分结果。本章的技术路线图如图 3-1 所示。

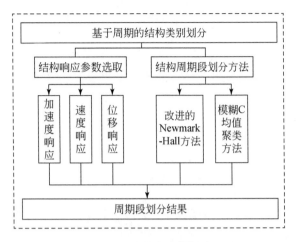

图 3-1　技术路线图

对于结构周期段划分，本章以 Newmark 设计谱原理为主。此外，还有一些其他方法，例如聚类方法。本章会进行简要介绍。

3.2　基于模糊 C 均值聚类算法的结构周期段划分

在很多分类问题中，分类对象之间没有明确的界限，往往具有亦此亦彼的表现。例如好与坏、高与矮、胖与瘦等等。每个人判别标准不一样，本书借助 Zadeh 在 20 世纪 60 年代提出的模糊聚类分析，并对该方法进行改进。k 均值聚类属于强制分类，每个样本必须划分到某一类。模糊聚类相对于 k 均值聚类，给出了样本属于每一类的隶属度，即可能性大小，最终选取可能性最大的一类。因此基于模糊 C 均值聚类算法对结构进行分类更符合客观事实。

基于改进的 Newmark-Hall 谱将结构周期段划分为 3 段。而模糊 C 均值聚类算法可以根据样本数据合理地划分周期段数量。

3.2.1　模糊 C 均值聚类算法的步骤

本节主要基于模糊 C 均值聚类算法对结构周期段进行划分，其思路流程如下：

（1）首先将 0.05～10 s 的连续周期范围离散化为 66 个周期点，这样 n 条地震动计算结果就形成了 $A=m×n$ 的数据矩阵，如公式（3-1）所示。A 的每一行代表 n 条地震动记录在某一周期点的计算值，A 的每一列代表 m 个不同的周期点。在本节中 $m=66$，$n=5535$。

$$A = \begin{pmatrix} \vec{a}_1 \\ \vec{a}_2 \\ \cdots \\ \vec{a}_m \end{pmatrix} = \begin{pmatrix} a_{11} & a_{12} & \cdots & a_{1n} \\ a_{21} & a_{22} & \cdots & a_{2n} \\ \vdots & \vdots & & \vdots \\ a_{m1} & a_{m2} & \cdots & a_{mn} \end{pmatrix} \tag{3-1}$$

（2）随机初始化划分矩阵 $c \times N$；随机设定隶属度矩阵 $U = (u_{ik})_{c \times n}$，其中 $0 < u_{ik} < 1$，$\sum\limits_{i=1}^{c} u_{ik} = 1$。

（3）确定好结构分类数 c。

（4）计算或更改聚类中心 $V(v_1, v_2, \cdots, v_c)$。

（5）定义目标函数 $J(U, V)$ 如式（3-2）。一般 m 默认取 2。

$$J(U, V) = \sum_{k=1}^{n} \sum_{i=1}^{c} u_{ik}^m d_{ik}^2 \tag{3-2}$$

（6）对给定的隶属度终止容限 θ，当 $|J^{(l)} - J^{(l-1)}| < \theta$ 时，停止迭代，否则转到步骤（2）。

经过以上步骤的迭代之后，可以求得最终的隶属度矩阵 U，聚类中心矩阵 V，使得目标函数的值达到最小，根据最终的隶属度矩阵中元素的取值可以确定所有周期点的归属，当 $u_{jk} = \max\limits_{1 < i < c} \{u_{ik}\}$ 时，可将样品 x_k 归为第 j 类。

3.2.2　周期段划分结果

本书选取了地震危险性分析中最常用的加速度反应谱作为结构损伤指标进行划分。基于 5535 条水平地震动记录计算弹性加速度反应谱。本书选取了 66 个周期点，每个周期点代表一个周期段，因此开始时将 0～10 s 的周期段划分为 66 个周期段。基于模糊 C 均值聚类对周期范围进行重新划分。计算得到划分的周期段数量与离散误差之间的关系如图 3-2 所示。可以得到随着划分周期段数量越多，每一周期段内聚类中心 V 与周期段内不同周期点处的响应值误差越小。

为了更详细地给出基于模糊 C 均值聚类方法划分周期段范围，本书给出了周期段数量为 2～6 时的周期段划分范围如表 3-1～表 3-5 所示。

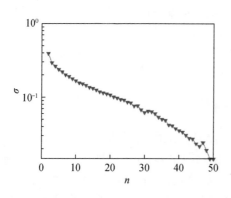

图 3-2　周期段数量与离散误差之间的关系

表 3-1　分为两段时周期段划分结果

分为两段	第一段	第二段
每段周期范围	[0.05 s, 0.45 s]	(0.45 s, 10 s]

表 3-2　分为三段时周期段划分结果

分为三段	第一段	第二段	第三段
每段周期范围	[0.05 s, 0.40 s]	(0.40 s, 2.4 s]	(2.4 s, 10 s]

表 3-3　分为四段时周期段划分结果

分为四段	第一段	第二段	第三段	第四段
每段周期范围	[0.05 s, 0.22 s]	(0.22 s, 0.5 s]	(0.5 s, 2.4 s]	(2.4 s, 10 s]

表 3-4　分为五段时周期段划分结果

分为五段	第一段	第二段	第三段	第四段	第五段
每段周期范围	[0.05 s, 0.2 s]	(0.2 s, 0.4 s]	(0.4 s, 1.0 s]	(1.0 s, 2.4 s]	(2.4 s, 10 s]

表 3-5　分为六段时周期段划分结果

分为六段	第一段	第二段	第三段	第四段	第五段	第六段
每段周期范围	[0.05 s, 0.18 s]	(0.18 s, 0.3 s]	(0.3 s, 0.5 s]	(0.5 s, 1.0 s]	(1.0 s, 2.8 s]	(2.8 s, 10 s]

3.3　基于改进 Newmark 设计谱的结构周期段划分

对基于不同周期的 SDOF 体系的损伤指数进行排名，在 0～10 s 的周期范围内可以有无数个排名序列，这在工程应用中非常不便，因此合理地将周期范围划分为少数几个周期段是非常必要的，在同一周期段内不同周期处，地震动破坏能力排名相差不大。可以用同一周期段内的损伤程度的平均水平代替不同周期点处的破坏能力，基于平均损伤水平进行排名作为本周期段的损伤程度排名。

当周期较小时，结构响应是由加速度控制的，随着周期增加到一定程度，结构地震反应已不是由地面加速度控制。应当对结构周期段进行划分，三联谱就具有这一特点，为了便于工程应用，最早由 Housner（1959）提出。但是当时他仅仅使用了八条地震动记录，选取的地震动记录太少，之后不断发展（Newmark and Hall，1973；Seed et al.，1976）。直到 1978 年美国加州结构抗震委员会采用了这种设计谱。翟长海等（2006）在计算最不利地震动时将全周期划分为短周期（0～0.5 s）、中周期（0.5～1.5 s）、长周期（1.5～5.5 s）三个周期段；Malhotra（2006）

通过 PGA、PGV 和 PGD 等幅值参数，研究其与加速度响应谱的相关性对周期段进行划分；Xu 等在文献中利用 220 条基于 PGA、PGV、PGD 的归一化地震动反应谱，通过最小变异系数等方法确定不同的结构周期段。

本书利用三联谱原理，基于 Xu 等（2014）提出的方法进行改进，详细考虑两个因素：①场地因素，由于场地的软硬程度不同，不同场地的地震动的卓越周期等地震动特征可能存在差异，因而对于同一结构在不同场地的地震动作用时结构响应可能会表现出不同的规律；②所选地震动的不确定，文献中明确说明，当选择不同地震动时，划分周期范围会有差别。文献中使用 220 条进行分析，本书在每次计算时随机选取 200 条地震动进行分析，为了减少这种不确定性，每类场地随机选取三次地震动计算并对结果进行分析。由于Ⅳ类场地只有 64 条地震动记录，只计算了一次。将全周期段划分为刚性结构周期段、刚-柔性结构周期段、柔性结构周期段，使所有周期点处的变异系数之和最小即可得到不同结构周期段的周期分界点，因为当变异系数之和最小时，在各周期段内的结构分别与对应的敏感参数离散性最小。并且为了验证这种结论是否正确，本书在后面选取了大量特定周期的 SDOF 体系进行分析验证。计算公式如式（3-3）所示。

$$\varepsilon = \sum_{T=0}^{10s}[\mathrm{CV}_{\mathrm{NRS}_a}(T_1) + \mathrm{CV}_{\mathrm{NRS}_v}(T_2) + \mathrm{CV}_{\mathrm{NRS}_d}(T_3)] \qquad (3\text{-}3)$$

式中：CV 是变异系数，式中三项分别表示基于 PGA、PGV、PGD 标准化的加速度反应谱值放大系数、速度反应谱值放大系数和位移反应谱值放大系数的变异系数。NRS_a、NRS_v、NRS_d 分别为除以 PGA、PGV、PGD 归一化的加速度反应谱放大因子、速度反应谱放大因子和位移反应谱放大因子。存在 t_1、t_2，使得 $T_1 \in (0, t_1)$，$T_2 \in (0, t_2)$，$T_3 \in (0, t_3)$ 时，得到的变异系数之和 ε 最小。

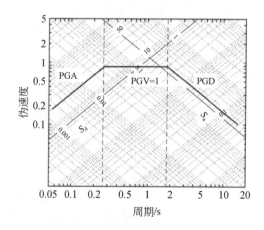

图 3-3　三联谱原理图

利用三联谱原理（图 3-3）划分结构周期段的主要步骤如下：①对地震动记录分别基于 PGA、PGV、PGD 进行归一化处理；②分别计算地震动的加速度反应谱、速度反应谱、位移反应谱，在 0.05～10 s 内选取了 200 个周期点，时间间隔为 0.05 s；③对每个周期点处的分别基于 PGA、PGV、PGD 归一化后得到的变异系数进行比较。计算结果如图 3-4 所示。

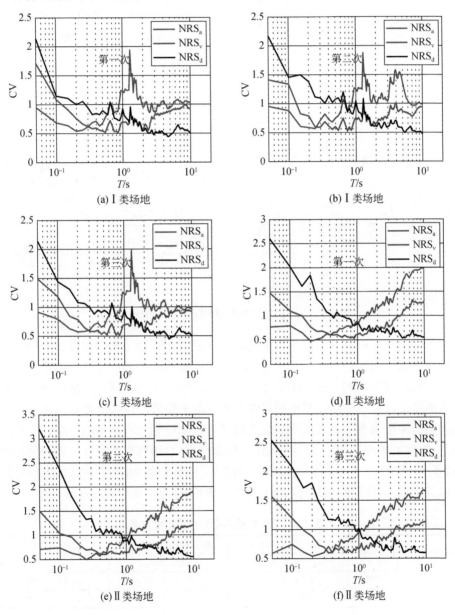

(a) I 类场地　　　　　　　　　(b) I 类场地

(c) I 类场地　　　　　　　　　(d) II 类场地

(e) II 类场地　　　　　　　　　(f) II 类场地

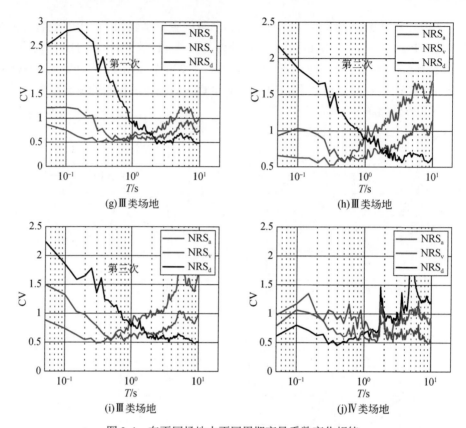

图 3-4　在不同场地内不同周期变异系数变化规律

从计算结果可以得出四类场地地震动记录周期段划分结果如表 3-6 所示。从结果中可以得出即使在同一场地类别下，由于地震动的不确定性，当选择的地震动不同时，划分的周期段范围也是有区别的，因此本书在同一类场地下随机选取三次地震动计算，并对计算出的周期分界点取平均值，得到结果如表 3-7 所示。从分类结果可以得出，地震动场地类别对于周期段划分有显著的影响，刚性结构与刚-柔性结构周期段、刚-柔性结构周期段与柔性结构周期段分界点变化规律较明显，场地越软，刚性结构周期段范围越大，刚性结构与刚-柔性结构周期分界点越靠后。刚-柔性结构周期段与柔性结构周期段分界点也会向后移动。

表 3-6　不同场地类型划分周期段结果

		刚性结构周期段/s	刚-柔性结构周期段/s	柔性结构周期段/s
Ⅰ类场地	结果 1	[0.05, 0.30)	[0.30, 1.65)	[1.65, 10.00]
	结果 2	[0.05, 0.30)	[0.30, 1.75)	[1.75, 10.00]
	结果 3	[0.05, 0.30)	[0.30, 1.65)	[1.65, 10.00]

续表

		刚性结构周期段/s	刚-柔性结构周期段/s	柔性结构周期段/s
Ⅱ类场地	结果 1	[0.05, 0.40)	[0.45, 1.90)	[1.90, 10.00]
	结果 2	[0.05, 0.40)	[0.45, 1.95)	[1.95, 10.00]
	结果 3	[0.05, 0.35)	[0.35, 1.85)	[1.85, 10.00]
Ⅲ类场地	结果 1	[0.05, 0.65)	[0.65, 2.15)	[2.15, 10.00]
	结果 2	[0.05, 0.45)	[0.45, 1.80)	[1.80, 10.00]
	结果 3	[0.05, 0.55)	[0.55, 1.75)	[1.75, 10.00]
Ⅳ类场地	结果 1	[0.05, 0.90)	[0.90, 2.10)	[2.10, 10.00]

表 3-7　不同场地类型周期段划分结果

	刚性结构周期段/s	刚-柔性结构周期段/s	柔性结构周期段/s
Ⅰ类场地	[0.05, 0.30)	[0.30, 1.70)	[1.70, 10.00]
Ⅱ类场地	[0.05, 0.40)	[0.40, 1.90)	[1.90, 10.00]
Ⅲ类场地	[0.05, 0.55)	[0.55, 1.90)	[1.90, 10.00]
Ⅳ类场地	[0.05, 0.90)	[0.90, 2.10)	[2.10, 10.00]

3.4　本 章 小 结

本章针对结构周期对结构响应的影响进行了详细分析，分别基于改进的 Newmark-Hall 谱方法和模糊 C 均值聚类方法，对结构周期段进行重新划分。通过划分结果可以得到以下结论。

（1）在不同场地类别内基于改进的 Newmark-Hall 谱将 0.05～10 s 的结构周期范围划分为刚性结构、刚-柔性结构以及柔性结构周期段，并给出了具体的周期段范围。

（2）基于模糊 C 聚类方法将 0.05～10 s 的结构周期范围划分为不同数量的周期段范围，并给出了不同周期段数量时，对应的聚类中心和不同周期点的标准差分布。

第4章 结构非线性对响应排名的影响

4.1 引　言

　　一般认为，结构抗震性能评估和地震反应分析最准确的方法之一是非线性时程分析，因此采用非线性反应谱建立地震反应需求曲线是可行的。采用非线性反应谱建立地震反应需求曲线是可行的。20世纪70年代，Newmark和Hall（1973）提出了等能量原理和等位移原理来研究屈服强度系数（C_y）和位移延性需求（u）之间的关系。随后，许多专家对 C_y 与 u 的关系进行了大量的研究（Nassar and Krawinkler，1991；Pal et al.，1987；Vidic et al.，1994）。近年来，通过大量的地面运动记录，研究了结构参数对等延性地震抗力谱的影响（Peng and Conte，1997；Xie and Zhai，2003；翟长海等，2006）。谢礼立和翟长海（2003）利用大量的地震动记录研究了恢复力模型对等延性地震反应谱的影响，主要研究了不同延性值、双线性模型屈服后刚度比（k_2）和阻尼比（ζ）条件下地震抗力系数的变化。同样，一些研究人员也研究了结构参数和地震信息因素对等强度反应谱和等延性反应谱的影响（吕西林和周定松，2004；Rupakhety and Sigbjörnsson，2009）。Miranda 等（Miranda and Bertero，1994；Miranda，2000）详细解释了震级、震中距等因素对等延性反应谱的影响。易伟建和张海燕（2005）比较了等延性强度谱和等强度延性谱的优缺点，得出等强度延性谱的计算方法更简单，不需要迭代计算的结论。在 C_y 和 T 一定时，通过弹塑性反应只能获得一个 u 值，而当 u 值固定时，通过隐式算法的不断迭代可以得到一个以上的 C_y 值。此外，一些人对结构参数进行了改进，以研究非弹性响应需求。Michel 等（2014）提出了一种改进的EC8驱替需求预测方法，与原有的EC8程序相比，新方案明显提高了强度折减系数大于2的位移需求预测的可靠性。也有一些研究人员研究了不同类型的强震对等烈度反应谱的影响，如主震-余震地震动序列、脉冲型地震动（Zhai et al.，2014，2017；Li et al.，2018）等。

　　以上研究讨论了一些因素对等强度延性谱的影响。研究得到当结构参数改变时，地震作用下结构响应一般都会发生变化，并且还有一定的规律性，但是当结构参数改变时，结构响应相对大小（即结构响应排序）是否会发生变化，相关研究还比较少。因此在本书中不仅研究了结构参数改变时对不同结构响应损伤指数的影响，而且还对屈服强度等结构参数对结构响应排序的影响进行了详细研究。

4.2　结构响应参数的计算

本书选择的结构弹塑性反应损伤指数主要有绝对加速度反应谱值、相对速度反应谱值、相对位移反应谱值，这三个参数均属于结构的峰值型响应。在计算时需要确定结构体系的周期、屈服强度系数以及滞回模型等。这些结构响应参数可以反映出在地震作用下结构的破坏程度，因此本书又将其称为损伤指数。

4.2.1　绝对加速度反应谱、相对速度反应谱、相对位移反应谱

绝对加速度反应谱、相对速度反应谱以及相对位移反应谱推导过程：

设有一个 SDOF 体系，刚度是 k，质量是 m，阻尼为 c，已知它在地震加速度 $\ddot{v}(t)$ 作用下的运动微分方程式为

$$m\ddot{y}(t) + c\dot{y}(t) + ky(t) = -m\ddot{v}(t) \tag{4-1}$$

式中：$y(t)$ 为 SDOF 体系相对于动坐标系的相对位移。若式（4-1）两侧均除以 m，则式（4-1）变为式（4-2）：

$$\ddot{y}(t) + \frac{c}{m}\dot{y}(t) + \frac{k}{m}y(t) = -\ddot{v}(t) \tag{4-2}$$

令 $\dfrac{c}{m} = 2b = 2w\zeta$，$\dfrac{k}{m} = w^2$，则式（4-2）变为式（4-3）：

$$\ddot{y}(t) + 2\zeta w\dot{y}(t) + w^2 y(t) = -\ddot{v}(t) \tag{4-3}$$

由式（4-3）可知，本式为一个简单的常系数线性非齐次方程式，因此其通解为

$$y(t) = e^{\zeta wt}(c_1 \sin w't + c_2 \cos w't) - \frac{1}{w'}\int_0^t \ddot{v}(\tau)e^{-\zeta w(t-\tau)}\sin w'(t-\tau)\mathrm{d}\tau \tag{4-4}$$

式（4-4）中 $w' = w\sqrt{1-\zeta^2}$ 为 SDOF 体系的阻尼自振频率，c_1 和 c_2 为待定系数，由 SDOF 体系的初始条件决定。式（4-4）中第一项为自由振动解，随着时间的增长，该项逐渐趋近于 0，第二项为特解，因此只需要研究特解。得到式（4-5）：

$$y(t) = -\frac{1}{w'}\int_0^t \ddot{v}(\tau)e^{-\zeta w(t-\tau)}\sin w'(t-\tau)\mathrm{d}\tau \tag{4-5}$$

式（4-5）即为 SDOF 体系的位移表达式，该积分式为 Duhamel 积分。该积分表达式带有参数 t，Duhamel 积分具有以下关系，如式（4-6）所示：

$$\frac{\mathrm{d}}{\mathrm{d}t}\int_0^t f(\tau,t)\mathrm{d}t = \int_0^t \frac{\partial}{\partial t}f(\tau,t)\mathrm{d}t + f(\tau,t)\big|_{\tau=t} \tag{4-6}$$

因此从式（4-6）中可以得到 SDOF 体系的速度表达式（4-7）为

$$\dot{y}(t) = -\frac{1}{w'}\int_0^t \ddot{v}(\tau)e^{-\zeta w(t-\tau)}(\sin w'(t-\tau) + w'\cos w'(t-\tau))d\tau \quad （4\text{-}7）$$

SDOF 体系的绝对加速度，可由式（4-7）得到，可以得到 SDOF 体系的绝对加速度反应、相对速度反应以及相对位移反应的计算公式。本章的加速度、速度和位移反应是在非弹性本构条件下计算的。

4.2.2　本构模型选取

本书在研究 SDOF 体系损伤指数排名时，改变结构本构模型参数，计算得到的损伤指数会发生变化，损伤指数排名结果也可能发生变化。为了分析这种变化对地震动排名结果的影响大小，本书参考何毅良（2018）和孔令峰（2019）论文中双线性模型和修正的 Clough 模型两个本构模型进行分析，选用的材料为 Hysteretic 材料（滞后材料），可以模拟出在地震作用下结构的强度、刚度退化以及滞回捏缩效应，具体参数设置见表 4-1。

表 4-1 中 f_y 为屈服强度，f_e 为完全弹性时的强度，$C_y = f_y/f_e$ 为屈服强度系数；u_y 为屈服位移，u_c 为强化阶段最大位移，由于 u_y 在本书为 1，u_c 也可以表示结构名义延性。k_2K_0 为结构强化阶段刚度与结构弹性阶段的刚度比值。pinch X、pinch Y 为 Hysteretic 材料控制结构退化效应的参数，其中 pinch X 控制结构在位移方向上滞回捏缩，pinch Y 则控制结构在力方向上滞回捏缩。

表 4-1　Hysteretic 材料参数

模型	u_y	f_y	k_2K_0	pinch X	pinch Y	f_e	u_c	C_y
模型 1	1	1	0.0	1.0	1.0			
模型 2	1	1	0.0	1.0	1.0			

本书采用的两种模型如图 4-1 所示，分别为：①模型 1——双线性模型；②模型 2——修正的 Clough 模型。

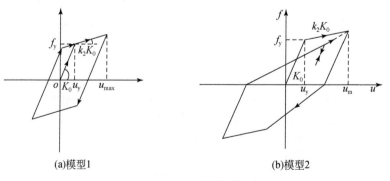

(a)模型1　　　　　　　　　　　(b)模型2

图 4-1　本构模型

本书需要计算的地震动记录有 5056 条,并且计算的工况有几十种之多,全部计算耗时较多,并且计算量非常庞大。为提升效率,本书以模型 1 为核心开展主体分析,模型 2 则用于关键结论的验证与补充。

4.2.3 不同结构损伤指标的应用研究现状

某些结构响应指标能够直接或间接反映出房屋抗震能力,这个指标与结构的破坏直接相关,称为结构的抗力,本书又将其称之为损伤指标,通常表现为结构的内力、变形或者楼层延伸率等等(高淼,2006),杨玉成等(1982)提出砖砌体房屋抗震能力主要是通过强度系数和二次判别系数确定(欧盛,2011)。

张锐(2020)提出以"Newmark 三联谱"为目标谱的选波方法。目前常用目标谱主要为加速度反应谱,如设计谱、一致危险谱、条件危险谱以及条件谱等等。该反应谱对于刚性、刚-柔性结构有较好的相关性。而对于柔性结构,采用位移谱会更有效。张陆陆(2017)为了研究木结构建筑群的震害,以太和殿、中和殿、保和殿等木结构建筑为例,选用加速度和位移损伤指标进行研究。其基本周期频率为 1.45 Hz、5.51 Hz、0.86 Hz。邵志鹏(2020)等对我国的典型多层砌体结构房屋按照剪力墙的结构形式进行非线性分析,由于这些结构的自振周期小于 0.5 s,都属于刚性结构,因此可以对比分析楼面加速度响应与加速度反应谱的相关性,并研究结构响应随着楼层高度的变化规律。

周颖等(2013)在基于增量动力分析研究高层建筑结构地震动强度参数时,以最大层间位移角作为损伤指标,高层建筑结构的基本周期为 4.4 s。Yakhchalian 和 Amiri(2018)在研究用向量型指标表征中低层建筑结构响应时,结构响应指标选用的是最大层间位移角,结构自振周期在 0.66~2.36 s 之间。Jalayer 等(2012)基于信息理论对标量和向量地震烈度的地震动强度指标的充分性进行分析时选用的案例研究大楼是位于 Van Nuys(范奈斯)的一家七层酒店,其自振周期为 1.5 s,结构响应指标选用的是最大层间位移角。Ebrahimian 等(2015)在研究地震动基于标量和向量强度指标的初步排序时选用了 4 层和 6 层两个隔震结构进行分析,选用的强度指标最大层间位移比和最大顶点加速度等指标,自振周期为 0.97 s、1.17 s。

从之前的研究成果中总结可以得到,在结构自振周期较小时,损伤指标一般选用加速度;对于柔性结构周期段,一般选用层间位移角(位移响应)作为损伤指标;而对于刚-柔性结构周期段,结构响应选用加速度和位移均有不少研究。因此本书在分析地震作用下结构损伤时,对于刚性结构(周期较小)选用结构最大加速度作为损伤指标,对于刚-柔性结构和柔性结构不能再选用加速度作为损伤指标。具体选取哪个损伤指数有待进一步分析。

4.2.4 不同结构损伤指标的选取

4.2.4.1 刚性结构

刚性结构的结构损伤指数有很多，比如加速度响应、速度响应、位移响应。为了选取最佳的损伤指数来表征地震作用下刚性结构的破坏程度，对刚性结构内平均加速度响应、速度响应、位移响应排名与不同周期点的响应排名进行离散性分析，分析结果如图 4-2 所示。图中横坐标为地震动记录不同周期处的平均损伤的排名，纵坐标为不同周期点处的结构损伤指数排名，图 4-2（a）、（b）、（c）分别对应 SDOF 系统加速度响应、速度响应和位移响应。从图中可得到，平均加速

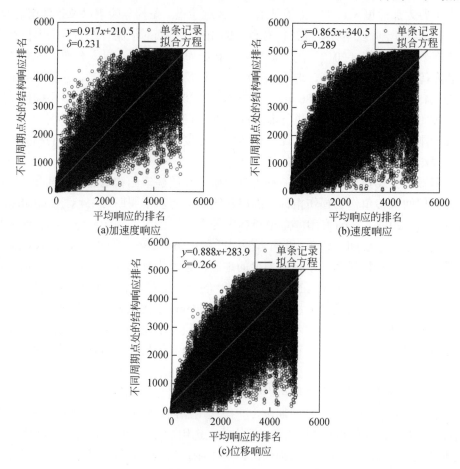

图 4-2 刚性结构加速度、速度以及位移响应排名的离散性分析

度响应、速度响应、位移响应的排名与不同周期点的响应排名的标准差分别为 0.231、0.289 和 0.266。因此对于刚性结构，由加速度响应排序计算的离散性最小。另外刚性结构在地震作用下主要发生强度破坏。因此最终选用弹性加速度响应 $S_a(T)$ 作为刚性结构的损伤指数。

4.2.4.2　刚-柔性结构和柔性结构

刚-柔性结构和柔性结构的结构损伤指数有很多，为了选取最佳的损伤指数来表征刚-柔性结构和柔性结构的破坏程度，对刚-柔性结构和柔性结构内平均加速度响应、速度响应、位移响应排名与不同周期点的响应排名进行离散性分析，分析结果为图 4-3 和图 4-4。图中横坐标为地震动记录不同周期平均损伤的排名，纵坐标为不同周期点处的结构损伤指数排名，图 4-3 和图 4-4 的（a）、（b）、（c）分

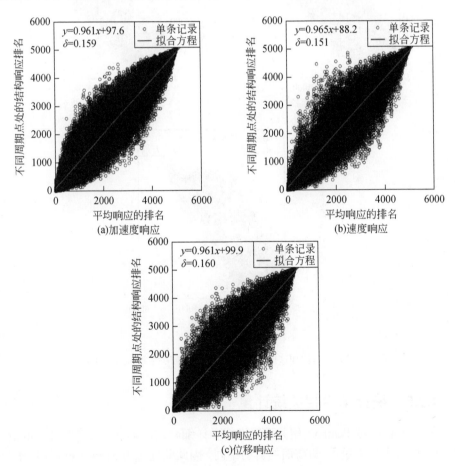

图 4-3　刚-柔性结构加速度、速度以及位移响应排名的离散性分析

别对应加速度响应、速度响应和位移响应。从结果中可以得到，平均加速度响应、速度响应、位移响应排名与不同周期点的响应排名的标准差分别为 0.159、0.151 和 0.160 以及 0.158、0.102 和 0.135。因此对于刚-柔性结构和柔性结构，速度响应排序的离散性最小。另外刚-柔性结构和柔性结构不再是强度的破坏，主要发生延性破坏。因此最终选用 SDOF 系统加速度弹性加速度响应 $S_v(T)$ 作为刚-柔性结构和柔性结构的损伤指数。

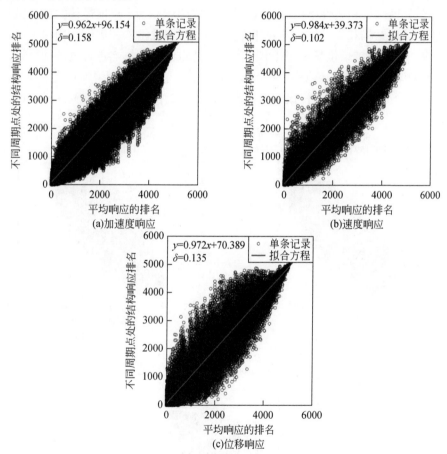

图 4-4 柔性结构加速度、速度以及位移响应排名的离散性分析

4.2.5 统计学中相关统计量

在第 2 章已对 Pearson 相关系数进行了详细介绍，本章主要是验证不同结构响应排名之间的相关性，与前面的目的不同，因此此处选用 Spearman（斯皮尔曼）相关系数，该相关系数适用于测度两顺序的相关性。其计算公式为

$$r_s = 1 - \frac{6 \sum\limits_{i=1}^{n} D_i^2}{n(n^2 - 1)} \tag{4-8}$$

式中：$\sum\limits_{i=1}^{n} D_i^2 = \sum\limits_{i=1}^{n} (X_i - Y_i)^2$，$X$、$Y$ 分别为基于地震动参数和结构响应从大到小的排名。Spearman 相关系数不是直接根据变量值进行计算的，而是利用变量值的排名（秩）来计算的。

离散差（欧氏距离）的计算公式如下：

$$\delta = \frac{1}{n} \sum \left| \frac{Ax_0 + By_0 + C}{\sqrt{A^2 + B^2}} \right| \tag{4-9}$$

可以得到地震动记录的各地震动参数与不同结构周期段内的损伤指数值排名对应关系，并得到线性拟合方程 $Ax + By + C = 0$，离散差物理意义即为全部地震动记录实际排名到拟合直线的距离的平均值。距离 δ 并没有一个确定的范围，与地震动的数量有关。不同场地类地震动数量不同比较大小是没有意义的，只能在同一场地内进行比较。距离越小，说明拟合效果越好，地震动参数与不同结构周期段内的损伤指数值排名离散性越小。地震动参数能够更好地表征结构损伤指数。

除此之外还给出了变异系数的概念，变异系数越小时，说明样本数据与平均值离散性越小，其计算公式如式（4-10）所示：

$$CV = \frac{\beta}{\bar{x}} \tag{4-10}$$

式中：β 为均方差；$\bar{x}$ 为平均值。

4.3　不同屈服强度系数条件下损伤指数分析

基于双线性模型计算地震动记录的反应谱值，以屈服强度系数为 0.3 为例。计算结果如图 4-5 所示，黑线表示单条记录计算得到的谱值，红线表示均值，可以得出每条记录计算得到的等强度反应谱值差异较大，但是总体趋势比较明确，与平均谱所表现出的趋势基本一致，因此可以用均值谱的变化来反映不同影响因素对等强度损伤指数反应谱的影响。

由于本书研究的地震动记录多达 5056 条，在计算结构弹塑性响应时计算过程非常复杂烦琐，因此，本书基于蒙特卡罗原理从四类场地中选取了 367 条地震动记录，对不同屈服强度系数条件下的结构响应变化和结构响应排序变化进行详细分析。

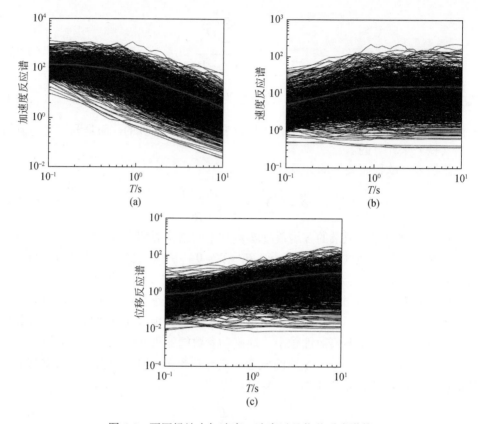

图 4-5　不同场地内加速度、速度以及位移反应谱值

4.3.1　C_y 对位移反应谱的影响

C_y 对位移反应谱的影响主要从对位移反应均值谱和离散性两个方面来分析。当结构发生非线性反应时，结构进入屈服，C_y 在 0～1 之间，C_y 越小，结构非线性程度越大，结构越偏于柔性。为了更加详细地阐释 C_y 对结构非线性响应的影响，本书选取了 C_y=0.1、0.2、0.3、0.4、0.5、0.6、0.7、0.8、0.9 等 9 个值进行详细分析。

4.3.1.1　反应均值谱分析

通过计算两种本构模型下不同 C_y 条件下的位移反应均值谱，得到计算结果如图 4-6 所示。从结果中可以得到以下结论：

（1）两种本构模型下不同 C_y 条件下的位移反应均值谱随着周期的变化趋势是基本一致的，随着周期的增大，位移反应均值谱的值越大。

（2）虽然位移反应均值谱变化趋势随着周期的增大是上升的，但是不同 C_y 条件下的位移反应均值变化速度是有明显不同的，C_y 越小，结构非线性程度越大，在短中周期范围内得到的位移反应均值谱值越大；但是在长周期内得到的结论相反，C_y 越小，在长周期范围内得到的位移反应均值谱值越小。

（3）C_y 为 0.1 时，对应的位移反应均值谱略偏离于其他 C_y 条件下对应的位移反应均值谱，可能是因为当 C_y 为 0.1 时，结构屈服强度仅为完全弹性时的 10%，结构过于偏柔。

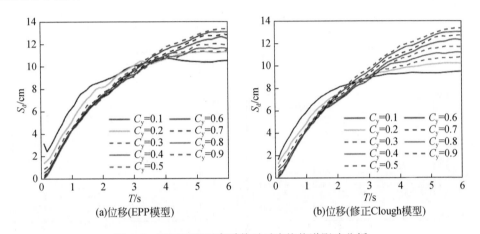

图 4-6　不同屈服强度系数对反应均值谱影响分析

4.3.1.2　反应谱离散性分析

通过计算两种本构模型下不同 C_y 条件下的变异系数，分析位移反应谱的离散性，得到计算结果如图 4-7 所示。从结果中可以得到：变异系数在不同周期点处在 0.9～2 之间。说明我们在基于实际地震动计算结构位移反应时，得到的结构位移响应的离散性非常大。所以仅仅研究位移反应均值谱的变化规律可能是不充分的，需要进一步研究。

4.3.2　C_y 对反应谱值排序相关性分析

分别基于 EPP 模型和修正 Clough 模型对不同 C_y 条件下位移反应谱进行分析，得出不同地震动计算得到的位移反应谱值相对均值谱离散性很大，因此本节以不同 C_y、不同周期点处计算得到的位移响应排序为研究对象，分析和解释不同 C_y 对位移响应排序的影响。为了计算简便，在保证结论的正确性基础上，本节选取了 C_y=0.2、0.4、0.6、0.8 等 4 个不同的值进行分析。

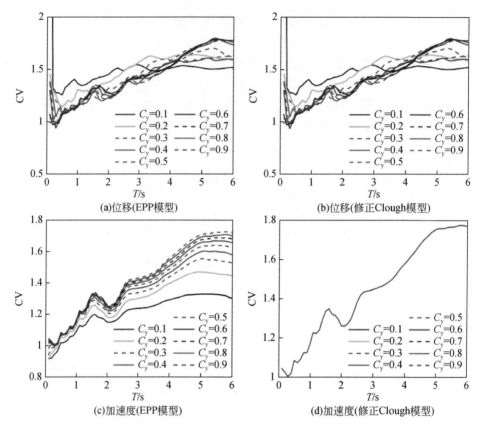

图 4-7　不同屈服强度系数对位移反应谱离散性影响分析

4.3.2.1　同一周期点处不同 C_y 条件下

分析同一周期点处不同 C_y 条件下位移反应谱值排序相关性，得到计算结果如图 4-8 所示，从图中可以得到以下结论。

（1）在刚性结构周期范围内不同 C_y 对应的位移反应谱值排序相关系数小于0.8，相关性较差；但是在刚-柔性、柔性周期范围内，不同 C_y 对应的位移反应谱值排序相关系数较高，相关性非常好，可以得到在刚-柔性、柔性结构周期范围内当 C_y 改变时，计算得到结构响应会发生变化，但是得到的结构响应排序几乎不会发生变化，即结构位移响应排序变化较小。

（2）当两个 C_y 值接近时，对应的位移反应谱值排序相关系数较大，说明排序变化较小；反之当两个 C_y 值相差较大时，得到的位移反应谱值排序相关系数较小，说明排序变化较大。

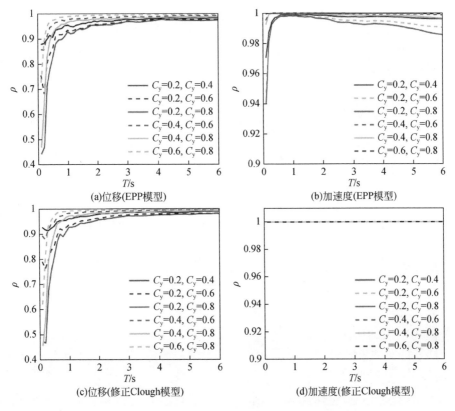

图 4-8　不同 C_y 条件下位移反应谱值排序相关性分析

4.3.2.2　同一 C_y 条件下不同周期点处反应谱值排序分析

通过分析同一 C_y 条件下不同周期点处反应谱值排序相关性,得到计算结果如图 4-9～图 4-12 所示,从图中结果可以得到以下结论。

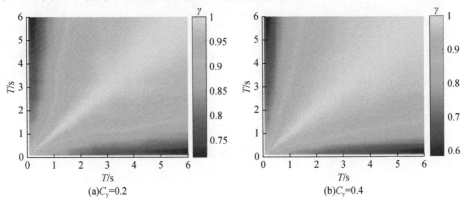

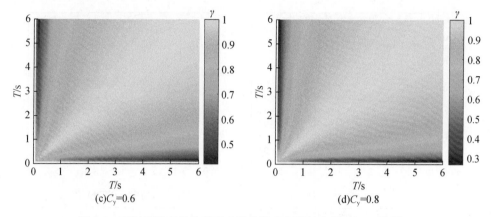

(c)C_y=0.6   (d)C_y=0.8

图 4-9   不同周期点处位移反应谱值排序相关性分析（EPP 模型）

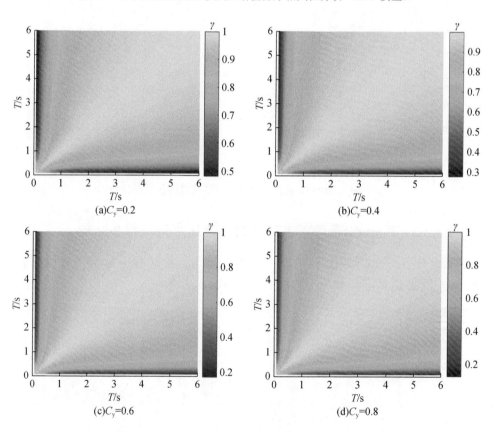

(a)C_y=0.2   (b)C_y=0.4

(c)C_y=0.6   (d)C_y=0.8

图 4-10   不同周期点处加速度反应谱值排序相关性分析（EPP 模型）

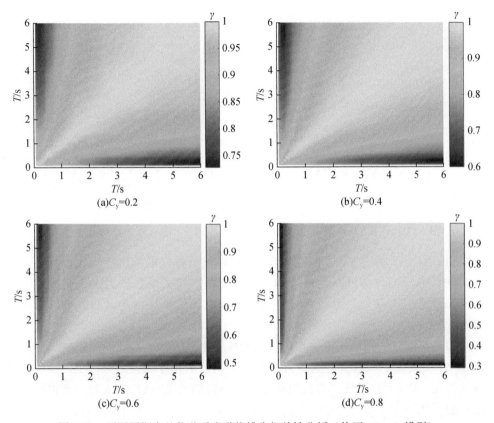

(a)C_y=0.2　　　　(b)C_y=0.4

(c)C_y=0.6　　　　(d)C_y=0.8

图 4-11　不同周期点处位移反应谱值排序相关性分析（修正 Clough 模型）

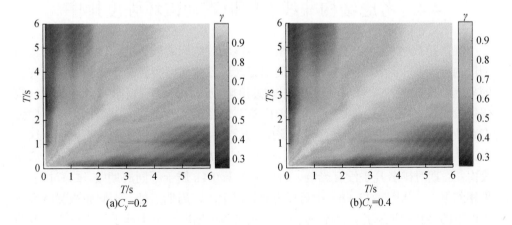

(a)C_y=0.2　　　　(b)C_y=0.4

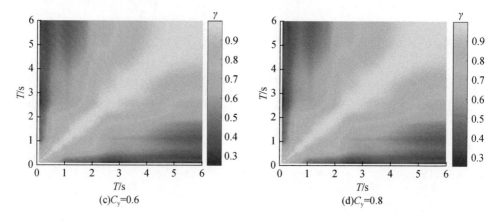

图4-12　不同周期点处加速度反应谱值排序相关性分析（修正 Clough 模型）

（1）对于不同的 C_y，不同周期点处反应谱值排序的相关性变化规律基本是一致的，当周期点接近时，对应的反应谱值排序相关系数较大，说明排序变化较小；反之当周期点距离较远时，得到的反应谱值排序相关系数较小，说明排序变化较大。

（2）在刚性结构周期内位移反应谱值排序更为敏感，当周期变化ΔT 较大时，在 $T+\Delta T$ 处对应的位移反应谱值排序与 T 处对应的排序相关系数较小，排序结果变化较大；而在刚-柔性、柔性周期范围内当周期变化的ΔT 较大时，谱值排序结果一般变化不大。

4.4　考虑结构非线性的地震动破坏强度排序

损伤指数的大小能够直接地反映出地震动对结构的破坏能力，在不同结构周期段内分别基于结构损伤指数对地震动记录进行排名即得到基于地震动破坏强度的地震动排名。在刚性结构周期段以加速度响应进行排序，在刚-柔性和柔性结构周期段以位移响应进行排序，通过前面章节已经论证，在同一类结构中，屈服强度系数和周期对排序结果几乎没有影响，从图4-13 的具体例子中也可以证明这一点。从图4-13（a）中可以得到，C_y 为 0.6 时，T=0.8 s 和 T=1.0 s 在同一结构周期段内，周期对排名几乎没有影响，而与 T 等于 0.4 s 属于不同周期段，二者排名结果相差很大。从图4-13（b）中可以得到，对于固定周期点处，不同屈服强度系数条件下的结构响应排序一致性很高。因此在各周期段给出了基于结构损伤指数的地震动破坏强度排名结果。

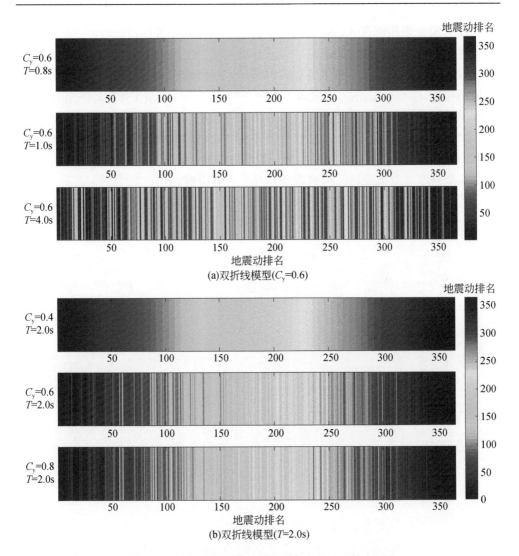

图 4-13 不同屈服强度系数和周期点处响应排名对比

由于地震动较多,本书给出的地震动排名结果可联系作者(hu-jinjun@163.com)索要。

4.5 小 结

在本章中对 SDOF 体系非线性响应进行了详细的分析,并且对地震作用下不同结构响应的类别,以及结构响应损伤指标的选取进行了详细的分析,同时基于双线性本构模型和修正 Clough 模型分析屈服强度系数等结构参数改变时对结构非线性响应以及响应排序的影响，通过分析得出以下结论：

（1）通过对大量已有成果的整理和分析，最终确定在不同周期段内的结构响应损伤指标，在刚性结构周期段内以加速度响应作为结构损伤指标，在刚-柔性结构和柔性结构周期段内以速度响应作为结构损伤指标。

（2）分析屈服强度系数等结构参数改变时对结构非线性响应以及响应排序的影响，当结构参数改变时，结构响应一般会发生变化，并且呈现出一定的规律性；但是屈服强度系数改变对结构响应排序几乎没有影响。

第5章　地震动破坏参数和损伤指数
排名离散性分析

5.1　引　　言

很多研究表明地震动参数能够反映地震动对结构的破坏能力，最开始使用峰值参数如 PGA、PGV、PGD 等，再到后来使用持时参数、频谱参数以及能量参数来表征。这些参数对于特定条件下的结构是合理的，但是在其他条件下可能会失效。众多的地震动参数与不同结构响应之间存在怎样的内在联系呢？为了更准确地通过地震动参数反映地震动对结构的破坏能力，首先基于 SDOF 体系得到地震动参数和损伤指数的相关性和离散性，根据计算结果确定适用于不同结构的地震动破坏参数，将得出的规律应用于多自由度结构中进行论证。

本章所用的地震动参数主要是通过第 2 章中基于相关性选出的 PGA、PGV、PGD、D_u、D_b、D_s 等 6 个参数，6 个参数之间相关性较小，彼此间相对独立。在地震作用下，结构破坏同样存在很大的不确定性，不同结构响应指标的选取可能对结构损伤程度评估同样存在较大的差异。结构响应指标主要有峰值相关的参数：结构最大加速度、结构最大速度、结构最大位移等。为了分析不同结构响应指标之间是否存在内在联系，本书所用的损伤指数主要选择第 3 章中给出的弹塑性条件下的绝对加速度反应谱值 S_a、相对速度反应谱 S_v、相对位移反应谱值 S_d，三个损伤指数均为结构响应峰值相关的需求参数。同时针对刚性结构分析了加速度响应指标与 6 个地震动参数的相关性和离散性；针对刚-柔性结构和柔性结构分析了速度响应与 6 个地震动参数的相关性和离散性。选取离散性最小、相关性较好的地震动参数作为地震动对结构破坏的代表性参数。

通过 SDOF 体系分析了不同地震动参数与不同结构响应之间的内在联系。确定了不同结构周期段内能够反映地震动对结构的破坏能力的表征参数。分别在不同结构周期内建立代表性的钢筋混凝土框架结构模型进行分析。分别建立了 2 层、5 层、8 层以及 15 层混凝土框架结构作为刚性结构周期段、刚-柔性结构周期段以及柔性结构周期段的代表性结构进行分析。结构响应指标主要选取了结构最大加速度、最大层间位移角、整体破坏指数等参数。本章的思路及研究框架如图 5-1 所示。

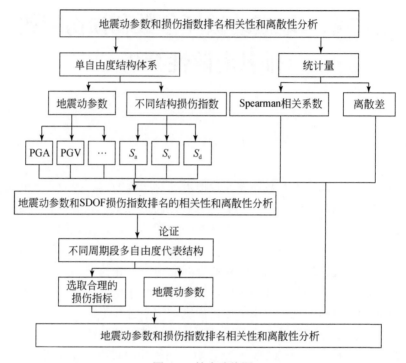

图 5-1　技术路线图

5.2　基于 SDOF 体系损伤指数和地震动破坏强度排名离散性分析

为了研究地震动参数与不同结构响应之间存在的内在联系，对各地震动参数与不同结构周期段内的损伤指数值排名进行离散性分析，分析其规律。

3.3 节中介绍了利用改进的三联谱原理划分周期段，结构周期段划分以后，在各周期段内损伤指数变化趋势趋于一致，可以认为是同一类结构，在各周期段内损伤指数值可以取各周期点处平均值代表该类结构的损伤程度。为了验证所得结论的正确性和合理性，本书选取了各周期段内一系列代表周期点对所得规律进行充分论证，所选代表周期点为：0.2 s、0.5 s、0.8 s、1.0 s、1.5 s、2.0 s、4.0 s、6.0 s、8.0 s。

5.2.1　Ⅰ类场地地震动参数与损伤指数排名离散性分析

1. 加速度反应谱

分别对各地震动参数与不同结构周期段内的加速度反应谱值排名进行离散性分析。计算结果如图 5-2~图 5-4 以及表 5-1 和表 5-2 所示。通过分析得到：对于刚性结构周期段，与加速度反应谱值排名离散差最小，相关性最高的地震动破坏参数是 PGA，相关系数达到 0.9 以上，非常相关；对于刚-柔性结构周期段，与加速度反应谱值排名离散差最小，相关性最高的地震动破坏参数是 PGV，相关系数达到 0.95 以上，非常相关；对于柔性结构周期段，与加速度反应谱值排名离散差最小，相关性最高的地震动破坏参数是 PGD，相关系数达到 0.95 以上，非常相关，

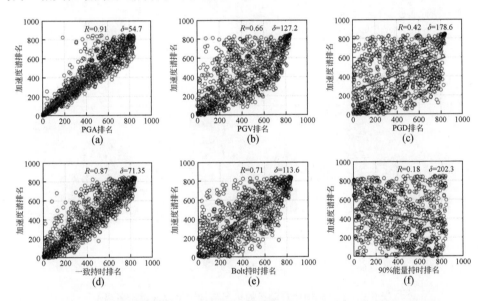

图 5-2　刚性结构周期段内地震动破坏参数排名与加速度反应谱值排名分析

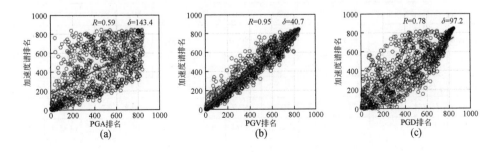

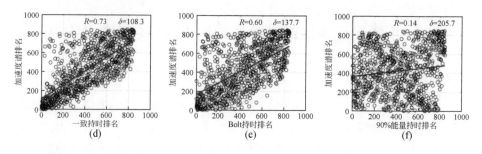

图 5-3 刚-柔性结构周期段内地震动破坏参数排名与加速度反应谱值排名分析

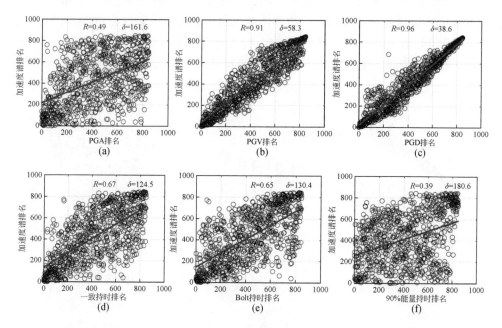

图 5-4 柔性结构周期段内地震动破坏参数排名与加速度反应谱值排名分析

表 5-1 Ⅰ类场地地震动参数排名与加速度反应谱排名离差

地震动参数	地震动参数排名与加速度反应谱排名离差										
	刚性	刚-柔性	柔性	0.2 s	0.5 s	0.8 s	1.0 s	1.5 s	2.0 s	4.0 s	6.0 s	8.0 s
PGA	54.7	143.4	161.6	76.3	135.3	150.5	151.5	154.8	154.9	163.5	167.8	172.1
PGV	127.2	40.7	58.3	129.9	66.9	54.4	51.8	48.9	51.5	65.9	75.2	80.4
PGD	178.6	97.2	38.6	181.4	123.9	103.5	97	83.1	73	44.6	31.9	26.4
D_u	71.4	108.3	124.5	92.3	107.1	117.2	116.6	120.4	120.8	126.3	132.2	137.9
D_b	113.6	137.7	130.4	128.7	140.6	143.9	142	139.8	136.4	130.4	131.8	135.8
D_s	202.3	205.7	180.6	199.7	210.8	206.1	203.2	196.5	194	181	173.8	171

表 5-2　Ⅰ类场地地震动参数排名与加速度反应谱排名相关系数

地震动参数	地震动参数排名与加速度反应谱排名相关系数											
	刚性	刚-柔性	柔性	0.2 s	0.5 s	0.8 s	1.0 s	1.5 s	2.0 s	4.0 s	6.0 s	8.0 s
PGA	0.913	0.592	0.485	0.846	0.627	0.557	0.551	0.530	0.521	0.477	0.452	0.418
PGV	0.663	0.954	0.914	0.643	0.887	0.922	0.929	0.936	0.932	0.894	0.869	0.855
PGD	0.417	0.783	0.956	0.387	0.674	0.751	0.778	0.832	0.864	0.939	0.964	0.976
D_u	0.868	0.732	0.672	0.794	0.730	0.697	0.696	0.685	0.684	0.662	0.636	0.607
D_b	0.714	0.604	0.654	0.637	0.584	0.575	0.583	0.598	0.616	0.650	0.642	0.621
D_s	0.181	0.143	0.390	0.211	0.040	0.139	0.177	0.241	0.284	0.391	0.427	0.440

其次是 PGV，相关系数同样达到 0.9 以上，非常相关。同时对代表周期点处的加速度反应谱值进行分析，所得结果除了在周期段分界点处与所得结论稍有差别外，其他周期点处得到的结果与上述结论基本一致。

2. 速度反应谱

分别对各地震动参数与不同结构周期段内的速度反应谱值排名进行离散性分析。计算结果如图 5-5～图 5-7 以及表 5-3 和表 5-4 所示。通过分析得到：对于刚性结构周期段，与速度反应谱值排名离差最小，相关性最高的地震动破坏参数是

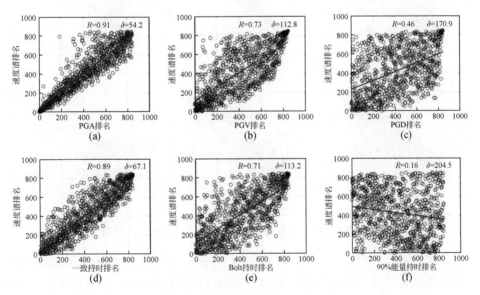

图 5-5　刚性结构周期段内地震动破坏参数排名与速度反应谱值排名分析

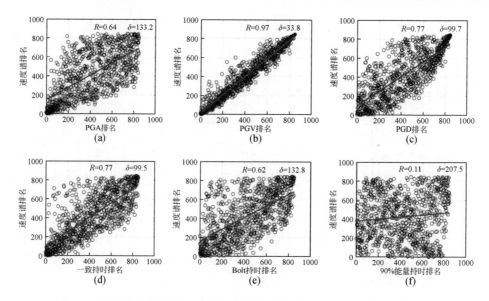

图 5-6　刚柔结构周期段内地震动破坏参数排名与速度反应谱值排名分析

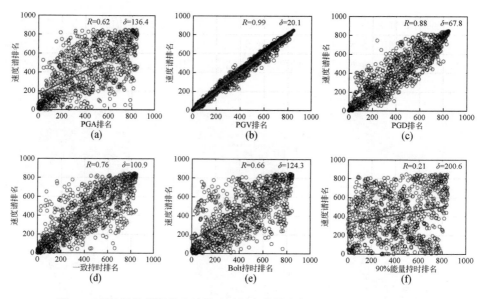

图 5-7　柔性结构周期段内地震动破坏参数排名与速度反应谱值排名分析

PGA，相关系数达到 0.9 以上，非常相关；对于刚-柔性结构周期段，与速度反应谱值排名离差最小，相关性最高的地震动破坏参数是 PGV，相关系数达到 0.95 以上，非常相关；对于柔性结构周期段，与速度反应谱值排名离差最小，相关性最高的地震动破坏参数是 PGV，相关系数达到 0.99，非常相关。同时对代表周期点处的速度反应谱值进行分析，所得结果除了在周期段分界点处与所得结论稍有差别外，其他与上述结果基本一致。

表 5-3　Ⅰ类场地地震动参数排名与速度反应谱排名离差

地震动参数	地震动参数与速度反应谱排名离差											
	刚性	刚-柔性	柔性	0.2 s	0.5 s	0.8 s	1.0 s	1.5 s	2.0 s	4.0 s	6.0 s	8.0 s
PGA	54.2	133.2	136.4	65.4	118.5	136	135.7	137.5	136.2	135.7	135.5	138.2
PGV	112.8	33.8	20.1	130.8	66.7	47.8	42.9	35.5	31.2	26.5	24.7	23.1
PGD	170.9	99.7	67.8	181.3	130.8	109.7	104	94.5	87.6	75.7	66.1	63.8
D_u	67.1	99.5	100.9	84.3	94.8	104.5	102.9	104.9	103.6	100.3	100.8	104.1
D_b	113.2	132.8	124.3	122.1	132.8	137.6	135.5	134.5	132.2	124.9	123.3	126.1
D_s	204.5	207.8	200.6	200.2	211.8	209.3	207.8	205.3	204.5	202	200.5	200.3

表 5-4　Ⅰ类场地地震动参数排名与速度反应谱排名相关系数

地震动参数	地震动参数与速度反应谱排名相关系数											
	刚性	刚-柔性	柔性	0.2 s	0.5 s	0.8 s	1.0 s	1.5 s	2.0 s	4.0 s	6.0 s	8.0 s
PGA	0.909	0.644	0.619	0.883	0.698	0.633	0.630	0.621	0.620	0.622	0.620	0.610
PGV	0.726	0.967	0.988	0.644	0.885	0.935	0.947	0.963	0.971	0.978	0.982	0.983
PGD	0.463	0.775	0.884	0.387	0.647	0.729	0.753	0.792	0.815	0.858	0.886	0.895
D_u	0.885	0.767	0.762	0.829	0.778	0.751	0.752	0.747	0.749	0.763	0.760	0.750
D_b	0.713	0.624	0.664	0.671	0.617	0.601	0.608	0.617	0.625	0.661	0.669	0.657
D_s	0.163	0.111	0.213	0.213	0.005	0.081	0.108	0.142	0.158	0.204	0.220	0.217

5.2.2　其他场地地震动参数与损伤指数排名离散性分析

其他场地类型的地震动参数排名与加速度及速度反应谱排名离差如表 5-5～表 5-16 所示。

表 5-5　Ⅱ类场地地震动参数排名与加速度反应谱排名离差

地震动参数	地震动参数与加速度反应谱排名离差											
	刚性	刚-柔性	柔性	0.2 s	0.5 s	0.8 s	1.0 s	1.5 s	2.0 s	4.0 s	6.0 s	8.0 s
PGA	200.1	573.1	742.5	292.3	633.3	671.4	671.4	716.8	737.6	756.1	762.8	757.5
PGV	499.2	193.8	265.4	618.1	243.8	242.8	242.8	251.9	267.5	321.2	347.4	346.4
PGD	744.1	406.1	149.9	820.7	407.5	364.1	364.1	292.7	249.9	146.4	109.1	99.8
D_u	293	387.9	520	420.9	455.2	479.3	479.3	513.3	526.9	532.8	542.2	542.4
D_b	533.8	492.2	494	620.1	532.5	529.7	529.7	526	522.7	491.9	488	493.3
D_s	865.6	878.2	702.4	847.2	863	835.2	835.2	776	742.4	680.9	664.5	674.5

表 5-6　Ⅱ类场地地震动参数排名与加速度反应谱排名相关系数

地震动参数	地震动参数与加速度反应谱排名相关系数											
	刚性	刚-柔性	柔性	0.2 s	0.5 s	0.8 s	1.0 s	1.5 s	2.0 s	4.0 s	6.0 s	8.0 s
PGA	0.939	0.630	0.428	0.879	0.687	0.574	0.528	0.472	0.445	0.415	0.403	0.402
PGV	0.707	0.946	0.899	0.584	0.876	0.916	0.916	0.911	0.901	0.869	0.851	0.852
PGD	0.426	0.795	0.967	0.312	0.674	0.785	0.821	0.876	0.903	0.961	0.980	0.985
D_u	0.879	0.789	0.683	0.780	0.789	0.739	0.716	0.691	0.680	0.672	0.656	0.651
D_b	0.668	0.689	0.707	0.578	0.652	0.654	0.654	0.665	0.673	0.709	0.706	0.697
D_s	0.200	0.187	0.487	0.249	0.069	0.211	0.271	0.367	0.418	0.503	0.523	0.515

表 5-7　Ⅱ类场地地震动参数排名与速度反应谱排名离差

地震动参数	地震动参数与速度反应谱排名离差											
	刚性	刚-柔性	柔性	0.2 s	0.5 s	0.8 s	1.0 s	1.5 s	2.0 s	4.0 s	6.0 s	8.0 s
PGA	224.8	519	590.6	246.7	430.3	538.1	574.1	602.1	607.1	591.5	585.1	579.6
PGV	441.8	166.5	86.5	610.8	305.9	207.5	187.5	158.2	144	115.4	102.8	87
PGD	706.3	431	273.5	818.6	572.6	452.2	411.3	356.7	331.1	286.4	268.1	273.5
D_u	286.8	356.7	407.4	405.7	347.5	388.1	406.3	421.2	423.9	408.8	406.9	407.8
D_b	531	488.5	482.9	622.8	528.5	513.4	511.6	501.1	498.5	484.1	481.2	490.2
D_s	877.1	894.1	838.3	837.3	911.5	895.5	880	855.4	846.3	840.3	838.1	845.4

表 5-8　Ⅱ类场地地震动参数排名与速度反应谱排名相关系数

地震动参数	地震动参数排名与速度反应谱排名相关系数											
	刚性	刚-柔性	柔性	0.2 s	0.5 s	0.8 s	1.0 s	1.5 s	2.0 s	4.0 s	6.0 s	8.0 s
PGA	0.923	0.689	0.615	0.911	0.767	0.678	0.641	0.611	0.601	0.612	0.617	0.621
PGV	0.760	0.959	0.988	0.592	0.870	0.934	0.947	0.962	0.967	0.978	0.981	0.986
PGD	0.474	0.776	0.895	0.312	0.632	0.748	0.786	0.831	0.849	0.883	0.897	0.895
D_u	0.883	0.817	0.781	0.797	0.830	0.798	0.782	0.770	0.767	0.780	0.779	0.777
D_b	0.668	0.695	0.711	0.580	0.663	0.674	0.675	0.685	0.689	0.711	0.712	0.705
D_s	0.170	0.139	0.273	0.267	0.001	0.122	0.172	0.230	0.252	0.271	0.275	0.261

表 5-9　Ⅲ类场地地震动参数排名与加速度反应谱排名离差

地震动参数	地震动参数排名与加速度反应谱排名离差											
	刚性	刚-柔性	柔性	0.2 s	0.5 s	0.8 s	1.0 s	1.5 s	2.0 s	4.0 s	6.0 s	8.0 s
PGA	48.1	161.3	219.8	76.9	114.7	153.4	173.9	197.3	206.8	222	226.3	226.1
PGV	156.3	55.7	75.6	197.4	109.6	77	70.8	66.5	68.9	86.8	98.3	96.7

续表

地震动参数	地震动参数排名与加速度反应谱排名离差											
	刚性	刚-柔性	柔性	0.2 s	0.5 s	0.8 s	1.0 s	1.5 s	2.0 s	4.0 s	6.0 s	8.0 s
PGD	212.5	108.2	30.2	233.7	171.7	131.6	110.9	85.3	66.3	43.6	37	30.1
D_u	77.1	105.8	161.2	122.2	100	109	119.5	138.5	148.5	167.1	174	174.7
D_b	147.1	136	146.3	177.8	152.1	144.1	145	146.7	147.2	150.1	153.9	156.5
D_s	208.4	244.3	203	199	234.7	244.6	243.7	234.2	223.2	199.7	193.1	194.5

表 5-10　Ⅲ类场地地震动参数排名与加速度反应谱排名相关系数

地震动参数	地震动参数排名与加速度反应谱排名相关系数											
	刚性	刚-柔性	柔性	0.2 s	0.5 s	0.8 s	1.0 s	1.5 s	2.0 s	4.0 s	6.0 s	8.0 s
PGA	0.952	0.614	0.337	0.889	0.758	0.635	0.559	0.462	0.409	0.317	0.278	0.282
PGV	0.624	0.936	0.892	0.439	0.796	0.886	0.901	0.913	0.909	0.863	0.832	0.841
PGD	0.364	0.792	0.979	0.204	0.572	0.720	0.781	0.860	0.908	0.958	0.971	0.982
D_u	0.878	0.804	0.613	0.743	0.820	0.791	0.758	0.700	0.664	0.588	0.552	0.556
D_b	0.650	0.697	0.663	0.524	0.637	0.668	0.668	0.661	0.656	0.646	0.633	0.626
D_s	0.366	0.035	0.390	0.418	0.172	0.017	0.056	0.184	0.265	0.410	0.442	0.437

表 5-11　Ⅲ类场地地震动参数排名与速度反应谱排名离差

地震动参数	地震动参数排名与速度反应谱排名离差											
	刚性	刚-柔性	柔性	0.2 s	0.5 s	0.8 s	1.0 s	1.5 s	2.0 s	4.0 s	6.0 s	8.0 s
PGA	54.3	150.7	190.7	63.2	96.5	132.4	149.2	171.3	183	192.7	192.9	189.2
PGV	140.5	52.2	36.4	188.8	118.6	81.9	69.2	52.7	48	45.5	46.9	39.7
PGD	202.4	114.4	51.9	230	184.1	145.8	126.8	101	83.9	62.4	53	52.7
D_u	74.4	99.5	133	110.7	93.6	96.7	103.9	117.1	126.4	136.3	137.7	134.2
D_b	143.9	135.2	137.7	170.6	152.3	141.8	141.4	140.8	141.4	140.5	140	140.4
D_s	214.2	244.8	229	199.5	228.1	242.5	244.4	242.9	238.2	228.4	226.9	230.3

表 5-12　Ⅲ类场地地震动参数排名与速度反应谱排名相关系数

地震动参数	地震动参数排名与速度反应谱排名相关系数											
	刚性	刚-柔性	柔性	0.2 s	0.5 s	0.8 s	1.0 s	1.5 s	2.0 s	4.0 s	6.0 s	8.0 s
PGA	0.935	0.657	0.490	0.922	0.819	0.714	0.656	0.578	0.531	0.482	0.466	0.489
PGV	0.685	0.940	0.974	0.484	0.765	0.874	0.904	0.940	0.953	0.959	0.955	0.967
PGD	0.419	0.772	0.941	0.238	0.518	0.667	0.729	0.815	0.866	0.922	0.941	0.939
D_u	0.893	0.824	0.708	0.791	0.840	0.830	0.810	0.771	0.740	0.699	0.684	0.700
D_b	0.662	0.698	0.689	0.552	0.636	0.674	0.678	0.680	0.675	0.679	0.680	0.681
D_s	0.335	0.008	0.221	0.420	0.233	0.096	0.035	0.068	0.133	0.224	0.245	0.218

表 5-13　Ⅳ类场地地震动参数排名与加速度反应谱排名离差

地震动参数	地震动参数与加速度反应谱排名离差											
	刚性	刚-柔性	柔性	0.2 s	0.5 s	0.8 s	1.0 s	1.5 s	2.0 s	4.0 s	6.0 s	8.0 s
PGA	54.7	143.4	161.6	76.3	135.3	150.5	151.5	154.8	154.9	163.5	167.8	172.1
PGV	127.2	40.7	58.3	129.9	66.9	54.4	51.8	48.9	51.5	65.9	75.2	80.4
PGD	178.6	97.2	38.6	181.4	123.9	103.5	97	83.1	73	44.6	31.9	26.4
D_u	71.4	108.3	124.5	92.3	107.1	117.2	116.6	120.4	120.8	126.3	132.2	137.9
D_b	113.6	137.7	130.4	128.7	140.6	143.9	142	139.8	136.4	130.4	131.8	135.8
D_s	202.3	205.7	180.6	199.7	210.8	206.1	203.2	196.5	194	181	173.8	171

表 5-14　Ⅳ类场地地震动参数排名与加速度反应谱排名相关系数

地震动参数	地震动参数与加速度反应谱排名相关系数											
	刚性	刚-柔性	柔性	0.2 s	0.5 s	0.8 s	1.0 s	1.5 s	2.0 s	4.0 s	6.0 s	8.0 s
PGA	0.963	0.724	0.532	0.883	0.920	0.841	0.741	0.687	0.583	0.521	0.442	0.480
PGV	0.851	0.918	0.838	0.618	0.816	0.860	0.864	0.900	0.852	0.805	0.748	0.779
PGD	0.60	0.810	0.965	0.429	0.568	0.659	0.744	0.839	0.841	0.943	0.947	0.956
D_u	0.946	0.804	0.693	0.802	0.913	0.876	0.815	0.760	0.695	0.678	0.615	0.640
D_b	0.804	0.642	0.60	0.718	0.792	0.741	0.672	0.604	0.557	0.589	0.556	0.558
D_s	0.428	0.216	0.087	0.366	0.341	0.328	0.244	0.192	0.054	0.116	0.189	0.131

表 5-15　Ⅳ类场地地震动参数排名与速度反应谱排名离散差

地震动参数	地震动参数与速度反应谱排名离差											
	刚性	刚-柔性	柔性	0.2 s	0.5 s	0.8 s	1.0 s	1.5 s	2.0 s	4.0 s	6.0 s	8.0 s
PGA	54.2	133.2	136.4	65.4	118.5	136	135.7	137.5	136.2	135.7	135.5	138.2
PGV	112.8	33.8	20.1	130.8	66.7	47.8	42.9	35.5	31.2	26.5	24.7	23.1
PGD	170.9	99.7	67.8	181.3	130.8	109.7	104	94.5	87.6	75.7	66.1	63.8
D_u	67.1	99.5	100.9	84.3	94.8	104.5	102.9	104.9	103.6	100.3	100.8	104.1
D_b	113.2	132.8	124.3	122.1	132.8	137.6	135.5	134.5	132.2	124.9	123.3	126.1
D_s	204.5	207.8	200.6	200.2	211.8	209.3	207.8	205.3	204.5	202	200.5	200.3

表 5-16　Ⅳ类场地地震动参数排名与速度反应谱排名相关系数

地震动参数	地震动参数与速度反应谱排名相关系数											
	刚性	刚-柔性	柔性	0.2 s	0.5 s	0.8 s	1.0 s	1.5 s	2.0 s	4.0 s	6.0 s	8.0 s
PGA	0.952	0.778	0.718	0.922	0.933	0.884	0.823	0.771	0.713	0.706	0.674	0.726
PGV	0.877	0.940	0.961	0.722	0.823	0.877	0.896	0.935	0.926	0.942	0.935	0.959

续表

地震动参数	地震动参数与速度反应谱排名相关系数											
	刚性	刚-柔性	柔性	0.2 s	0.5 s	0.8 s	1.0 s	1.5 s	2.0 s	4.0 s	6.0 s	8.0 s
PGD	0.623	0.793	0.927	0.497	0.570	0.643	0.730	0.811	0.807	0.912	0.925	0.913
D_u	0.947	0.841	0.822	0.848	0.924	0.903	0.876	0.833	0.780	0.804	0.786	0.815
D_b	0.794	0.661	0.667	0.732	0.797	0.750	0.718	0.654	0.607	0.646	0.646	0.654
D_s	0.397	0.252	0.111	0.373	0.358	0.370	0.316	0.263	0.192	0.124	0.058	0.141

5.2.3 离散性结果分析和讨论

分别基于Ⅰ～Ⅳ类场地的地震动记录计算 SDOF 体系加速度、速度等峰值型损伤指数，分析地震动的破坏参数与损伤指数排名之间的相关性，对于不同损伤指数，在不同结构周期段内破坏参数与损伤指数排名离散性具有一定的规律性，将不同结构周期段内与不同损伤指数排名相关性较高、离散性最好的挑选出来如表 5-17 所示。

表 5-17 地震动破坏参数排名与反应谱排名相关性

SDOF 体系损伤参数	结构周期段	地震动破坏参数（Ⅰ类场地）	地震动破坏参数（Ⅱ类场地）	地震动破坏参数（Ⅲ类场地）	地震动破坏参数（Ⅳ类场地）
		最佳	最佳	最佳	最佳
弹塑性加速度谱	刚性结构周期段	PGA	PGA	PGA	PGA
	刚-柔性结构周期段	PGV	PGV	PGV	PGV
	柔性结构周期段	PGD	PGD	PGD	PGD
弹塑性速度谱	刚性结构周期段	PGA	PGA	PGA	PGA
	刚-柔性结构周期段	PGV	PGV	PGV	PGV
	柔性结构周期段	PGV	PGV	PGV	PGV

由上一节内容得到，对于刚性结构，以加速度响应作为损伤指数；对于刚-柔性结构和柔性结构，以速度响应作为损伤指数。由表 5-17 结果可以得到，在刚性结构周期段内，与加速度响应损伤指数排名离散性最小，相关性最好的地震动参数为 PGA；与刚-柔性结构和柔性结构损伤指数离散性最小，相关性最好的地震动参数为 PGV。因此本书以 PGA 作为刚性结构周期段内表征参数，在对刚-柔性结构和柔性结构的损伤程度进行评价时，主要以 PGV 作为地震动破坏参数进行分析。

5.3 基于多自由度结构的地震动破坏参数合理性论证

5.3.1 模型建立及参数选取

为了对不同结构周期段内确定的地震动代表性参数的合理性进行验证，分别在不同结构周期内建立代表性的混凝土框架结构模型进行非线性时程分析。建立了 2 层、5 层、8 层以及 15 层混凝土框架结构作为刚性结构周期段、刚-柔性结构周期段以及柔性结构周期段的代表性结构。所选取的四个代表性的框架结构模型均照《建筑抗震设计标准》（GB/T 50011—2010）的要求进行设计，结构的立面图如图 5-8 所示。三种结构模型的柱和梁的尺寸及配筋参数如表 5-18 和表 5-19 所示。

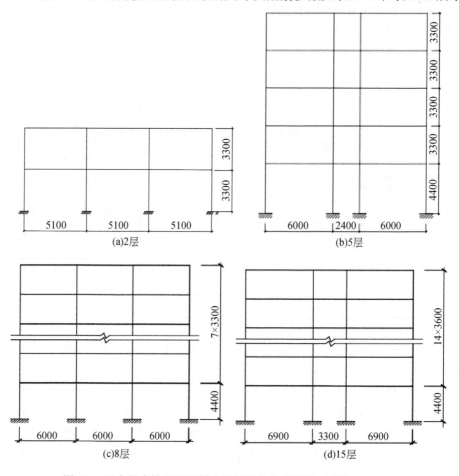

图 5-8 四个代表性钢筋混凝土框架结构的立面图（单位：mm）

表 5-18　四个结构的梁截面尺寸及配筋参数

结构模型	楼层	边梁	中梁	边梁主筋（mm²）/箍筋	中梁主筋（mm²）/箍筋
2 层	1-2	600×300	600×300	1313/ϕ8@100	1313/ϕ8@100
5 层	1-4	500×250	400×250	1008/ϕ8@100	763/ϕ8@200
	5	500×250	400×250	763/ϕ8@200	603/ϕ8@200
8 层	1-4	500×250	500×250	1296/ϕ8@100	710/ϕ8@200
	5-6	500×250	500×250	1015/ϕ8@100	710/ϕ8@200
	7-8	500×250	500×250	833/ϕ8@100	710/ϕ8@200
15 层	1-7	600×250	450×250	1964/ϕ8@100	935/ϕ8@100
	8-10	600×250	450×250	1742/ϕ8@100	833/ϕ8@100
	11-12	600×250	450×250	1520/ϕ8@100	833/ϕ8@100
	13-14	600×250	450×250	1250/ϕ8@100	833/ϕ8@100
	15	600×250	450×250	942/ϕ8@100	755/ϕ8@100

注：构件的配筋主筋均为Ⅲ级钢，箍筋均为Ⅰ级钢。

表 5-19　三个结构的柱截面尺寸及配筋参数

结构模型	楼层	边柱	中柱	边柱主筋（mm²）/箍筋	中柱主筋（mm²）/箍筋
2 层	1-2	700×700	700×700	2330/ϕ8@100	2330/ϕ8@100
5 层	1-5	500×500	500×500	2512/ϕ8@100	2512/ϕ8@100
8 层	1-5	550×550	550×550	2733/ϕ8@100	2733/ϕ8@100
	6-8	500×500	500×500	2035/ϕ8@100	2035/ϕ8@100
15 层	1-5	650×650	650×650	4560/ϕ10@100	4560/ϕ10@100
	6-10	600×600	600×600	3807/ϕ10@100	3807/ϕ10@100
	11-15	550×550	550×550	3411/ϕ8@100	3411/ϕ8@100

注：构件的配筋主筋均为Ⅲ级钢，箍筋均为Ⅰ级钢。

结构的自振周期分别为 0.2 s、0.89 s、1.73 s 以及 2.73 s。抗震设计水平为 3 级。结构的非线性滞回模型采用三线性模型。利用 Idarc_2D 软件进行非线性响应分析，将所有地震动记录输入到结构模型中，验证基于地震动破坏参数表征结构响应的合理性。

5.3.2　地震动破坏参数排名和结构响应排名相关性分析

进行地震动破坏强度排序合理性论证时，对前面涉及的四类场地中共计 5000

多条地震动记录进行分析，地震动的详细信息见第 2 章。并且以第 2 章中通过地震动参数之间相关性分析得到的 6 个代表性地震动参数作为本章研究重点。在 5.2 节中已经对代表性地震动破坏参数与 SDOF 体系损伤指数进行了相关性分析，并得到了相应的结论。在分析实际多自由度结构时，这些结论是否仍然适用，有待进一步验证。

实际结构损伤指标主要选取结构最大层间剪力、最大楼层加速度、最大层间位移角以及整体破坏指数（前两个用于结构强度破坏的损伤描述，后两个用于结构位移延性破坏的损伤描述），分析这些指标与代表性破坏参数之间的相关性（表 5-20）。相关性强弱的判别参数主要为斯皮尔曼相关系数和离散差。

表 5-20   所选取的地震动参数和结构需求参数

地震动参数	结构需求参数
PGA	
PGV	最大楼层加速度
PGD	结构最大层间剪力
D_b	最大层间位移角
D_u	整体破坏指数
D_s	

1.基于刚性结构周期内代表结构（2 层）分析

本书选取了 2 层结构作为刚性结构周期内代表结构，其基本周期为 0.2 s，满足刚性结构周期范围。当地震动作用于 2 层结构时，基于 I 类场地地震动的计算结果如图 5-9～图 5-12 所示，基于其他场地地震动的计算结果如表 5-21、表 5-22 所示。结果表明与最大层间剪力排名、最大楼层加速度排名、最大层间位移角、整体破坏指数排名相关性最好，离散性最小的地震动破坏参数为 PGA。PGA 排名与最大层间剪力排名、最大楼层加速度排名相关系数最高，达到 0.85 以上，离散误差非常小，相关性非常强。与前面在刚性结构周期内所得结论相一致。

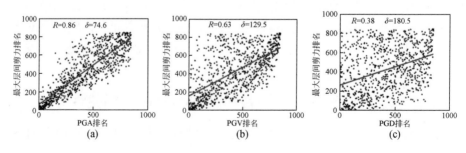

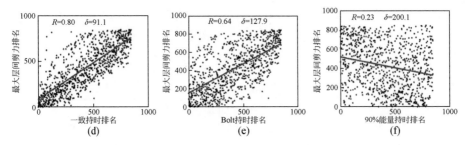

图 5-9　基于Ⅰ类场地地震动破坏参数排名和最大层间剪力排名相关性分析

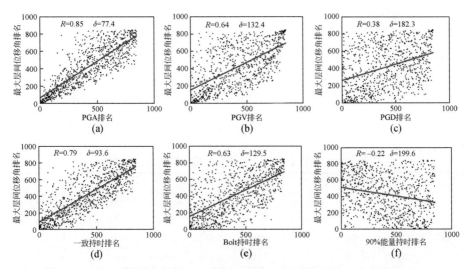

图 5-10　基于Ⅰ类场地地震动破坏参数排名和最大层间位移角排名相关性分析

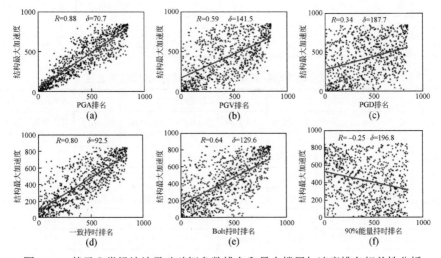

图 5-11　基于Ⅰ类场地地震动破坏参数排名和最大楼层加速度排名相关性分析

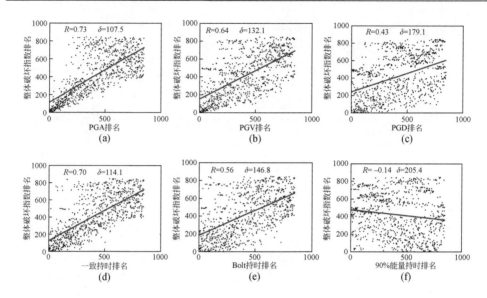

图 5-12 基于 I 类场地地震动破坏参数排名和整体破坏指数排名相关性分析

表 5-21 地震动参数排名与结构损伤指数排名相关性

地震动参数	II 类场地			III 类场地			IV 类场地		
	最大层间剪力	最大层间位移角	整体破坏指数	最大层间剪力	最大层间位移角	整体破坏指数	最大层间剪力	最大层间位移角	整体破坏指数
PGA	0.880	0.865	0.820	0.896	0.882	0.839	0.889	0.881	0.813
PGV	0.623	0.598	0.563	0.548	0.526	0.540	0.675	0.640	0.691
PGD	0.351	0.332	0.308	0.303	0.286	0.312	0.486	0.469	0.544
D_u	0.794	0.776	0.724	0.788	0.774	0.729	0.813	0.812	0.770
D_b	0.586	0.575	0.526	0.564	0.554	0.510	0.713	0.719	0.671
D_s	0.231	0.231	0.244	0.391	0.394	0.369	0.318	0.328	0.296

表 5-22 地震动参数排名与结构损伤指数排名离散性

地震动参数	II 类场地			III 类场地			IV 类场地		
	最大层间剪力	最大层间位移角	整体破坏指数	最大层间剪力	最大层间位移角	整体破坏指数	最大层间剪力	最大层间位移角	整体破坏指数
PGA	289.5	316.3	438.5	71.4	78.0	113.1	5.0	5.8	10.2
PGV	579.4	606.2	654.8	172.7	173.2	160.1	9.3	10.4	9.7
PGD	796.7	808.6	835.8	220.7	219.0	207.1	12.1	12.3	11.4
D_u	405.2	428.2	525.3	108.6	110.9	129.4	6.6	7.0	10.3
D_b	610.9	624.4	693.6	166.5	166.9	174.2	8.5	8.6	11.1
D_s	857.5	856.6	855.8	205.8	210.8	225.4	14.2	15.0	15.7

2. 基于刚性结构和刚-柔性结构周期过渡结构（5 层）分析

本书选取了 5 层结构进行分析，其基本周期为 0.89 s，由于在进行结构周期段划分时考虑了场地条件的因素，导致各个场地的结构周期段划分范围不是相同的，该结构在 Ⅰ～Ⅲ 类场地内属于刚-柔性结构周期范围，在 Ⅳ 类场地内属于刚性结构周期范围。当 Ⅰ 类场地地震动作用于 5 层结构时，计算结果如图 5-13～图 5-15 所示，其他场地内的计算结果如表 5-23、表 5-24 所示。

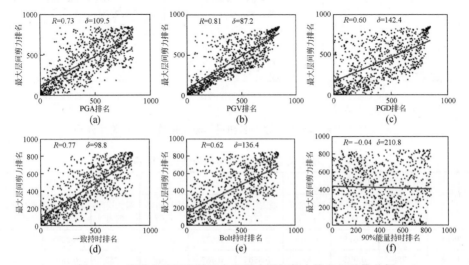

图 5-13　地震动破坏参数排名和最大层间剪力排名相关性分析

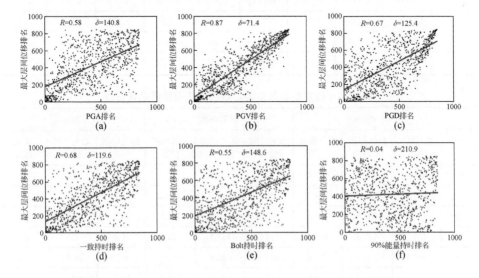

图 5-14　地震动破坏参数排名和最大层间位移角排名相关性分析

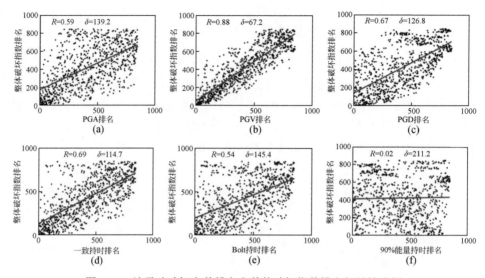

图 5-15 地震动破坏参数排名和整体破坏指数排名相关性分析

表 5-23 地震动参数排名与结构损伤指数排名相关性

地震动参数	II 类场地			III 类场地			IV 类场地		
	最大层间剪力	最大层间位移角	整体破坏指数	最大层间剪力	最大层间位移角	整体破坏指数	最大层间剪力	最大层间位移角	整体破坏指数
PGA	0.774	0.615	0.600	0.810	0.672	0.661	0.886	0.821	0.823
PGV	0.788	0.903	0.882	0.650	0.767	0.748	0.753	0.789	0.771
PGD	0.555	0.745	0.731	0.422	0.573	0.560	0.545	0.581	0.566
D_b	0.789	0.743	0.731	0.772	0.748	0.735	0.840	0.806	0.804
D_u	0.603	0.637	0.631	0.561	0.581	0.574	0.683	0.654	0.663
D_s	-0.072	0.151	0.150	0.303	0.173	0.176	-0.416	-0.397	-0.404

表 5-24 地震动参数排名与结构损伤指数排名离散性

地震动参数	II 类场地			III 类场地			IV 类场地		
	最大层间剪力	最大层间位移角	整体破坏指数	最大层间剪力	最大层间位移角	整体破坏指数	最大层间剪力	最大层间位移角	整体破坏指数
PGA	428.4	591.7	605.0	102.2	143.8	146.7	5.6	6.5	6.4
PGV	404.8	251.5	294.5	150.2	111.3	119.3	7.4	6.8	7.4
PGD	656.9	456.9	475.6	202.6	168.1	172.0	11.3	10.8	11.3
D_b	405.1	451.3	467.6	114.6	121.1	124.6	6.4	6.6	6.8
D_u	592.4	550.4	558.6	169.5	163.6	165.0	9.3	9.5	9.3
D_s	902.1	890.3	892.0	222.3	236.9	236.4	13.0	13.3	12.9

结果表明在Ⅰ～Ⅲ类场地内，与最大层间剪力、最大层间位移角以及整体破坏指数相关性最好，离散性最小的地震动破坏参数为 PGV。无论选取最大层间位移角还是整体破坏指数中作为结构需求参数，其排名与 PGV 排名的相关系数均达到 0.80 以上，相关性非常强；并且值得注意的是，随着场地变软，相关性有减小的趋势。因此，通过验证 PGV 能较好地表征地震动对刚-柔性结构的潜在破坏能力，这与前面在刚-柔性结构周期内所得结论相一致。

在Ⅳ类场地内满足刚性结构周期范围，与层间剪力、最大层间位移角以及整体破坏指数相关性最好，离散性最小的地震动破坏参数为 PGA。选取最大层间剪力、最大层间位移角以及整体破坏指数作为结构需求参数，其排名与 PGA 排名的相关系数均达到 0.80 以上，与最大层间剪力排名的相关系数达到 0.85 左右，相关性非常强。

3. 基于刚-柔性结构周期内代表结构（8 层）分析

本书选取了 8 层结构作为刚-柔性结构周期内代表结构进行分析，其基本周期为 1.73 s，当地震动作用于 8 层结构时，在Ⅰ类场地的计算结果如图 5-16～图 5-18 所示，其他场地内的计算结果如表 5-25、表 5-26 所示。从结果中可以得出地震动参数 PGV 与层间剪力、最大层间位移角以及整体破坏指数相关性最好，离散性最小。选取最大层间位移角以及整体破坏指数作为结构响应参数，其排名与 PGV 排

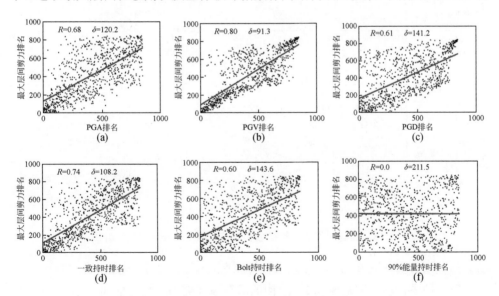

图 5-16　地震动破坏参数排名和最大层间剪力排名相关性分析

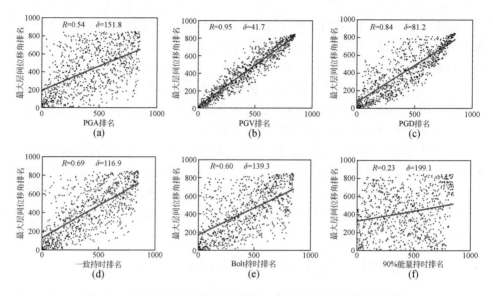

图 5-17 地震动破坏参数排名和最大层间位移角排名相关性分析

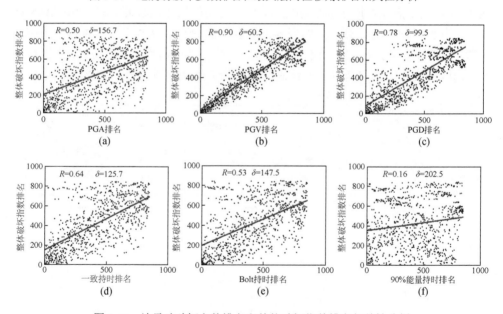

图 5-18 地震动破坏参数排名和整体破坏指数排名相关性分析

名的相关系数均达到 0.90 以上,相关性非常强,离散性很小。因此,通过验证 PGV 都能较好地表征地震动对刚-柔性结构的潜在破坏能力,这与前面在刚-柔性结构周期内所得结论相一致。

表 5-25　地震动参数排名与结构损伤指数排名相关性

地震动参数	Ⅱ类场地			Ⅲ类场地			Ⅳ类场地		
	最大层间剪力	最大层间位移角	整体破坏指数	最大层间剪力	最大层间位移角	整体破坏指数	最大层间剪力	最大层间位移角	整体破坏指数
PGA	0.727	0.504	0.469	0.793	0.450	0.439	0.899	0.666	0.648
PGV	0.813	0.938	0.889	0.699	0.943	0.937	0.794	0.941	0.932
PGD	0.620	0.880	0.834	0.496	0.910	0.910	0.578	0.887	0.896
D_b	0.793	0.714	0.675	0.816	0.694	0.686	0.861	0.772	0.764
D_u	0.631	0.675	0.636	0.623	0.676	0.673	0.680	0.618	0.612
D_s	0.027	0.338	0.291	−0.229	0.228	0.238	−0.411	−0.132	−0.109
E_i	0.791	0.953	0.906	0.645	0.948	0.944	0.660	0.921	0.920

表 5-26　地震动参数排名与结构损伤指数排名离散性

地震动参数	Ⅱ类场地			Ⅲ类场地			Ⅳ类场地		
	最大层间剪力	最大层间位移角	整体破坏指数	最大层间剪力	最大层间位移角	整体破坏指数	最大层间剪力	最大层间位移角	整体破坏指数
PGA	472.2	684.5	703.8	105.4	198.0	200.5	4.8	9.1	9.4
PGV	374.2	202.9	278.9	137.5	53.7	58.7	7.0	3.8	4.0
PGD	600.1	287.7	355.8	189.4	66.6	67.7	10.9	5.3	5.15
D_b	403.1	480.2	512.9	101.1	138.8	140.4	6.0	7.7	8.0
D_u	576.7	511.0	538.3	154.4	142.2	141.8	9.25	10.4	10.5
D_s	913.0	796.1	805.5	229.1	230.0	228.0	13.5	15.6	15.7
E_i	407.4	173.3	255.6	154.1	50.8	54.6	9.3	3.7	4.0

4. 基于柔性结构周期内代表结构（15 层）分析

本书选取了 15 层结构作为柔性结构周期内代表结构，其基本周期为 2.73 s，满足柔性结构周期范围。当 Ⅰ 类场地地震动作用于 15 层结构时，计算结果如图 5-19～图 5-21 所示，其他场地内的计算结果如表 5-27、表 5-28 所示。结果表明 PGV 与最大层间位移角和整体破坏指数排名相关性较好，离散性较小；在Ⅲ、Ⅳ类场地内 PGD 与最大层间位移角和整体破坏指数排名相关系数也达到 0.8 以上，甚至 0.9 以上，相关性非常强。

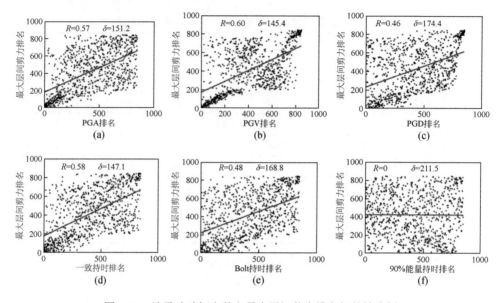

图 5-19　地震动破坏参数和最大层间剪力排名相关性分析

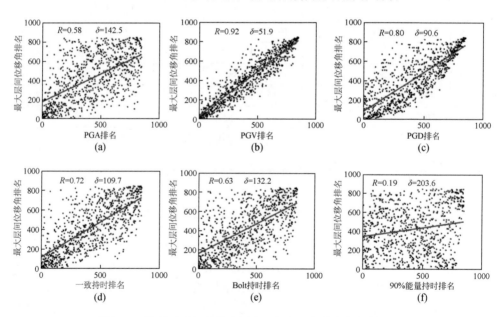

图 5-20　地震动破坏参数和最大层间位移角排名相关性分析

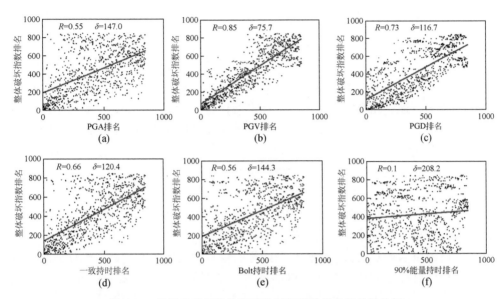

图 5-21 地震动破坏参数和整体破坏指数排名相关性分析

表 5-27 地震动参数排名与结构损伤指数排名相关性

地震动参数	Ⅱ类场地			Ⅲ类场地			Ⅳ类场地		
	最大层间剪力	最大层间位移角	整体破坏指数	最大层间剪力	最大层间位移角	整体破坏指数	最大层间剪力	最大层间位移角	整体破坏指数
PGA	0.641	0.550	0.534	0.717	0.401	0.387	0.832	0.670	0.658
PGV	0.634	0.902	0.850	0.531	0.932	0.921	0.680	0.920	0.910
PGD	0.447	0.832	0.781	0.332	0.944	0.942	0.456	0.924	0.930
D_b	0.624	0.726	0.704	0.680	0.646	0.635	0.771	0.799	0.791
D_u	0.467	0.671	0.651	0.472	0.657	0.655	0.614	0.646	0.650
D_s	0.056	0.276	0.232	0.293	0.292	0.304	0.476	0.076	0.050

表 5-28 地震动参数排名与结构损伤指数排名离散性

地震动参数	Ⅱ类场地			Ⅲ类场地			Ⅳ类场地		
	最大层间剪力	最大层间位移角	整体破坏指数	最大层间剪力	最大层间位移角	整体破坏指数	最大层间剪力	最大层间位移角	整体破坏指数
PGA	571.9	649.8	667.6	129.0	207.4	210.6	6.5	9.0	9.2
PGV	586.6	248.3	357.5	187.4	58.3	65.6	9.7	4.1	4.4
PGD	756.0	346.0	455.4	224.0	50.9	54.0	13.4	3.9	3.9
D_b	601.1	472.1	514.4	143.1	149.4	152.8	7.9	6.6	6.8
D_u	739.2	524.6	567.0	195.1	146.1	145.8	10.3	9.4	9.4
D_s	905.8	836.5	862.1	220.3	220.0	216.9	12.6	15.9	16.0

5.4 小　　结

本章主要分析了地震动参数与结构损伤指数之间的关系，首先基于 SDOF 体系损伤指数与地震动参数进行相关性和离散性分析，在不同场地、不同结构周期范围内，得到了可以表征结构损伤指数的地震动破坏强度表征参数，为了验证地震动破坏强度参数排序能否反映地震动对结构的破坏能力，本章在不同周期段内建立了一系列代表性多自由度结构模型进行验证，通过验证分析，最后可以得到以下结论。

（1）基于 SDOF 体系双线性模型分析了刚性结构、刚-柔性结构以及柔性结构周期段内结构损伤指数与地震动参数的相关性和离散性。通过计算结果得到在不同周期段内可以较好地表征结构损伤指标的地震动破坏强度参数。在对刚性结构的损伤程度进行评价时，主要以 PGA 及相关参数作为损伤指数进行分析；在刚-柔性结构和柔性周期段内可以用 PGV 及相关参数表征不同的结构损伤指数。

（2）为了验证基于 SDOF 体系所得结论，建立了一系列代表性多自由度结构进行分析，分析地震动参数与实际结构最大层间剪力、最大层间位移角等结构损伤指数的相关性和离散性。通过分析可以得出，通过实际结构模型所得结论与基于 SDOF 体系所得结论基本一致，在刚性结构周期段内，结构主要发生强度破坏，PGA 能较好地反映结构损伤指数；在刚-柔性结构和柔性结构周期段内，结构主要发生延性破坏，PGV 能较好地反映结构损伤指数。

（3）由于场地的影响，刚性结构和刚-柔性结构周期分界点会发生变化，场地越软，分界点周期会越大，通过 5 层结构可以得出，在 Ⅰ～Ⅲ类场地内，该结构属于刚-柔性结构，其结构损伤指数与 PGV 和结构响应相关性很强。而在Ⅳ类场地内，该结构属于刚性结构，其结构损伤指数与 PGA 和结构响应相关性很强；从而验证在结构分类时，考虑场地因素也是非常重要的。

第6章 基于超越概率的设计地震动选取

6.1 引　言

结构进行抗震设计时首先需要选取输入地震动，并且选取的方法有很多种，在地震危险性分析方法中最先将概率引入到工程抗震中（Cornell et al., 2002）。基于地震危险性分析的全概率公式得到的地震动强度参数超越某强度水准的年平均发生率如式（6-1）所示，该方法得到广泛应用。

$$v(x) = \sum_{i=1}^{N} \lambda_i(m_0) \int_{m_0}^{m_0} \int_{r_{\min}}^{r_{\max}} f_{M_i}(m) f_{R_i}(r) P(\text{IM} > x \mid m, r) \mathrm{d}m \mathrm{d}r \qquad (6\text{-}1)$$

式中：$\lambda_i(m_0)$ 为 m_0 以上的地震年发生率；$f_{M_i}(m)$ 为震级的概率密度函数；$f_{R_i}(r)$ 为距离的概率密度函数；$P(\text{IM} > x \mid m, r)$ 为震级和距离条件下地震动强度发生概率。

但是该方法确定的超越概率主要是由地震震级和潜在震源区的震中距等条件决定的，然后基于震级、震中距的衰减方程给出不同超越概率对应的 PGA 值和 $S_a(T)$ 值。然而在这个过程中给定的假设条件太多，并且没有基于真实的地震动记录进行统计，这样得到的结果往往与现实条件不符。因此本书提出了一种基于地震动破坏强度定量排序的新思路，完全基于真实的全球地震动记录进行统计分析，评估每一条地震动的概率破坏风险。本章的技术路线如图 6-1 所示。

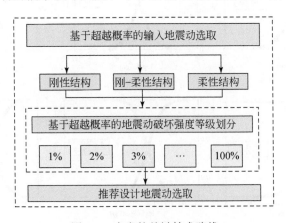

图 6-1　本章的关键技术路线

6.2　基于超越概率的地震动破坏强度确定

为了确定地震动记录的地震危险水平，本书提出了基于超越概率的方法来评估每一条地震动对结构的破坏强度。与传统地震危险性分析相比，本书确定超越概率方法的特点主要体现在以下几个方面：①本书只考虑了地震动的强度水平，没有对震级和震中距进行分析，也就是说没有假定具体的震级和震中距进行评估，将全部发生的有破坏性的地震动记录汇集起来进行统一分析；②虽然没有考虑地震动的震级和震中距的影响，但是将结构的不确定性统计在内，考虑了结构分类的因素，因为在地震作用下不同结构的破坏程度可能不同，其实质也就是地震动对结构的破坏机理不同；③完全基于真实的全球地震动记录进行计算，因此得到地震动损伤指数的强度水平超越概率更符合实际。超越概率计算如式（6-2）所示。

$$P(Y > y \mid (T_1, T_2)) = (1-F(x)) \times 100\% \tag{6-2}$$

(T_1, T_2) 为结构自振周期的范围。EDP 为结构损伤指数，y 为与规定极限状态相关的结构承载力；$F(x)$ 为地震动破坏强度表征参数的累积概率分布函数。地震动的超越概率是直接基于 5056 条地震动记录统计得到的，超越概率的计算方法在文献（Zhai et al.，2013；Li et al.，2019）中也有介绍。得到每类场地、每类结构的地震动破坏强度超越概率和累积概率计算结果如图 6-2 所示。

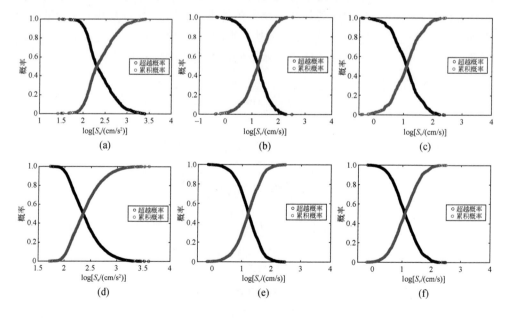

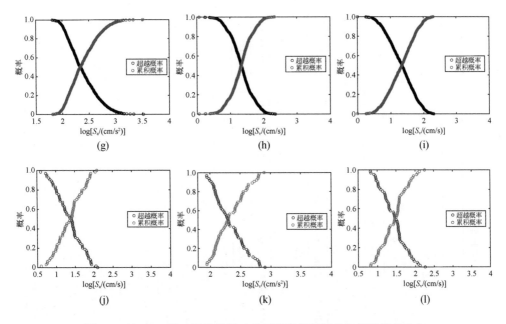

图 6-2　针对 12 种工况的地震动破坏强度累积概率和超越概率分布

6.3　推荐设计地震动数据库

通过分析得到基于地震动破坏参数表征结构响应会有一定的不确定性，即使使用最佳的地震动表征参数也不能与结构响应完全对应。在上一节中已经得到了基于 SDOF 体系的损伤指数的超越概率分布，但是当两条地震动记录破坏强度的超越概率相近时，对于超越概率稍大的地震动，其破坏强度不是绝对比超越概率稍小的地震动大，而是在概率意义上的。因此，针对这一问题，本书提出了一种新的解决思路。

对地震动记录的破坏强度划分等级，当地震动记录破坏强度的超越概率相近时，将其作为同一强度等级。结合地震危险性分析及常用规范规定（GB/T 50011—2010）。本书选取了超越概率为 1%、2%、3%、5%、10%、15%、20%、30%、40%、63%、80% 以及 100% 对应的地震动作为推荐设计地震动记录。在一些抗震规范中一般选取 7 条地震动记录，因此本书在每个强度等级选出 7 条地震动作为推荐设计地震动，推荐的设计地震动如表 6-1～表 6-6 所示。

6.3.1　未进行 PGA 归一化的结果

在未进行 PGA 归一化的条件下对地震动进行排序，超越概率为 1%、2%、3%、

表 6-1 针对刚性结构的推荐设计地震动（PGA 未统一调幅条件下）

超越概率/%	地震动记录名称（刚性结构）			
	I 类场地	II 类场地	III 类场地	IV 类场地
1	RSN1051_NORTHR_PUL104B3：E76	RSN4209_NIIGATA_NIG019EW	RSN160_IMPVALL.H_H-BCR230	
	RSN825_CAPEMEND_CPM000	RSN1004_NORTHR_SPV360	RSN1087_NORTHR_TAR360	
	RSN8165_DUZCE_496-NS	RSN4211_NIIGATA_NIG021EW	RSN1120_KOBE_TAK090	
	RSN1051_NORTHR_PUL194	RSN4219_NIIGATA_NIGH01NS	RSN4116_PARK2004_Z14090	
	RSN143_TABAS_TAB-T1	RSN3474_CHICHI.06_TCU079E	RSN126_GAZLI_GAZ090	
	RSN77_SFERN_PUL164	RSN4218_NIIGATA_NIG028NS	RSN5992_SIERRA.MEX_E11090	
	RSN8158_CCHURCH_LPCCS80W	RSN5658_IWATE_IWTH26NS	RSN126_GAZLI_GAZ000	RSN178_IMPVALL.H_H-E03140
2	RSN77_SFERN_PUL254	RSN1085_NORTHR_SCE011	RSN1084_NORTHR_SCS142	RSN3965_TOTTORI_TTR008EW
	RSN143_TABAS_TAB-L1	RSN1063_NORTHR_RRS228	RSN4126_PARK2004_SC1360	RSN8123_CCHURCH_REHSN02E
	RSN495_NAHANNI_S1280	RSN6915_DARFIELD_HVSCS64E	RSN5985_SIERRA.MEX_EDA360	
	RSN8158_CCHURCH_LPCCN10W	RSN1231_CHICHI_CHY080-N	RSN4116_PARK2004_Z14360	
	RSN495_NAHANNI_S1010	RSN1197_CHICHI_CHY028-N	RSN5985_SIERRA.MEX_EDA090	
	RSN451_MORGAN_CYC285	RSN418_COALINGA_F-CHP090	RSN700_WHITTIER.A_A-TAR090	
	RSN8165_DUZCE_496-EW	RSN568_SANSALV_GIC090	RSN4107_PARK2004_COW090	
3	RSN1507_CHICHI_TCU071-N	RSN1004_NORTHR_SPV270	RSN8119_CCHURCH_PRPCW	
	RSN451_MORGAN_CYC195	RSN741_LOMAP_BRN090	RSN412_COALINGA_D-PVY045	
	RSN1517_CHICHI_TCU084-E	RSN4480_L-AQUILA_GX066YLN	RSN180_IMPVALL.H_H-E05140	
	RSN4845_CHUETSU_65008EW	RSN1512_CHICHI_TCU078-E	RSN4107_PARK2004_COW360	
	RSN879_LANDERS_LCN345	RSN727_SUPER.B_B-SUP045	RSN5829_SIERRA.MEX_RII000	
	RSN1507_CHICHI_TCU071-E	RSN1513_CHICHI_TCU079-E	RSN160_IMPVALL.H_H-BCR140	
	RSN4876_CHUETSU_65059NS	RSN4112_PARK2004_Z08090	RSN368_COALINGA.H_H-PVY045	

续表

超越概率/%	地震动记录名称（刚性结构）			
	I 类场地	II 类场地	III 类场地	IV 类场地
5	RSN4873_CHUETSU_65056NS	RSN4031_SANSIMEO_36695090	RSN5264_CHUETSU_NIG018NS	
	RSN779_LOMAP_LGP000	RSN1503_CHICHI_TCU065-E	RSN5827_SIERRA.MEX_MDO090	RSN6959_DARFIELD_REHSN02E
	RSN1633_MANJIL_ABBAR--L	RSN953_NORTHR_MUL279	RSN1084_NORTHR_SCS052	RSN759_LOMAP_A01090
	RSN765_LOMAP_G01000	RSN6906_DARFIELD_GDLCS35W	RSN5827_SIERRA.MEX_MDO000	RSN5665_IWATE_MYG006NS
	RSN4876_CHUETSU_65059EW	RSN6893_DARFIELD_DFHSS73W	RSN4108_PARK2004_COH090	
	RSN1080_NORTHR_KAT000	RSN960_NORTHR_LOS270	RSN179_IMPVALL.H_H-E04140	
	RSN1633_MANJIL_ABBAR--T	RSN1549_CHICHI_TCU129-N	RSN4100_PARK2004_C02090	
10	RSN763_LOMAP_GIL067	RSN1503_CHICHI_TCU065-N	RSN182_IMPVALL.H_H-E07230	
	RSN1485_CHICHI_TCU045-N	RSN1082_NORTHR_RO3090	RSN8130_CCHURCH_SHLCS50E	
	RSN4873_CHUETSU_65056EW	RSN753_LOMAP_CLS090	RSN319_WESMORL_WSM090	
	RSN1111_KOBE_NIS090	RSN558_CHALFANT.A_A-ZAK360	RSN8064_CCHURCH_CCCCN64E	
	RSN763_LOMAP_GIL337	RSN802_LOMAP_STG000	RSN1244_CHICHI_CHY101-N	
	RSN1511_CHICHI_TCU076-E	RSN250_MAMMOTH.L_L-LUL090	RSN5969_SIERRA.MEX_BCR090	
	RSN1012_NORTHR_LA0270	RSN1853_YOUNTVL_2016A090	RSN5264_CHUETSU_NIG018EW	
15	RSN1492_CHICHI_TCU052-N	RSN461_MORGAN_HVR240	RSN6_IMPVALL.I_I-ELC180	
	RSN2734_CHICHI.04_CHY074E	RSN611_WHITTIER.A_A-CAS000	RSN204_IMPVALL.A_A-E06230	
	RSN755_LOMAP_CYC285	RSN4068_PARK2004_HOG-90	RSN6890_DARFIELD_CMHSS80E	
	RSN1078_NORTHR_SSU000	RSN8486_PARK2004_NPHOBHNE	RSN4202_NIIGATA_NIG012NS	
	RSN1013_NORTHR_LDM064	RSN1054_NORTHR_PAR--T	RSN411_COALINGA_D-PVP360	
	RSN1642_SMADRE_COG155	RSN4169_NIIGATA_FKSH21NS	RSN5975_SIERRA.MEX_CXO090	
	RSN3548_LOMAP_LEX000	RSN1045_NORTHR_WPI046	RSN5990_SIERRA.MEX_E07090	

续表

超越概率/%	地震动记录名称（刚性结构）			
	I 类场地	II 类场地	III 类场地	IV 类场地
20	RSN6928_DARFIELD_LPCCN80E	RSN371_COALINGA_A-CPL000	RSN171_IMPVALL.H_H-EMO000	
	RSN5809_IWATE_55465EW	RSN1738_NORTH392_SAY045	RSN5823_SIERRA.MEX_CHI000	
	RSN954_NORTHR_TUJ352	RSN1738_NORTH392_SAY315	RSN5814_IWATE_44B91EW	
	RSN801_LOMAP_SJTE315	RSN634_WHITTIER.A_A-FLE234	RSN5975_SIERRA.MEX_CXO360	
	RSN4850_CHUETSU_65013NS	RSN622_WHITTIER.A_A-COM140	RSN182_IMPVALL.H_H-E07140	
	RSN150_COYOTELK_G06230	RSN1546_CHICHI_TCU122-E	RSN411_COALINGA_D-PVP270	
	RSN4455_MONTENE.GRO_HRZ090	RSN3778_NORTH392_DEV090	RSN173_IMPVALL.H_H-E10320	
30	RSN4865_CHUETSU_65038NS	RSN461_MORGAN_HVR150	RSN5831_SIERRA.MEX_SAL000	
	RSN4083_PARK2004_36529270	RSN1545_CHICHI_TCU120-E	RSN170_IMPVALL.H_H-ECC092	
	RSN4869_CHUETSU_65042EW	RSN385_COALINGA_A-SUB090	RSN170_IMPVALL.H_H-ECC002	
	RSN755_LOMAP_CYC195	RSN900_LANDERS_YER270	RSN165_IMPVALL.H_H-CHI282	
	RSN4227_NIIGATA_NIGH10NS	RSN787_LOMAP_SLC270	RSN5831_SIERRA.MEX_SAL090	
	RSN4858_CHUETSU_65028EW	RSN5783_IWATE_54026NS	RSN1203_CHICHI_CHY036-N	
	RSN1161_KOCAELI_GBZ000	RSN1737_NORTH392_SCE011	RSN2752_CHICHI.04_CHY101E	
40	RSN1011_NORTHR_WON185	RSN3691_WHITTIER.B_B-BPK090	RSN175_IMPVALL.H_H-E12140	
	RSN4872_CHUETSU_65053NS	RSN3722_WHITTIER.B_B-DEL000	RSN1110_KOBE_MRG000	
	RSN769_LOMAP_G06000	RSN3734_WHITTIER.B_B-GRN270	RSN207_IMPVALL.A_A-EDA270	
	RSN12267_40199209_58790360	RSN308_SMART1.05_05I12NS	RSN266_VICT_CHI102	
	RSN1161_KOCAELI_GBZ270	RSN50_LYTLECR_WTW115	RSN6887_DARFIELD_CBGSS01W	
	RSN8110_CCHURCH_MQZE	RSN596_WHITTIER.A_A-MU2122	RSN8522_SIERRA.MEX_CIERRHNE	
	RSN1126_KOZANI_KOZ-T	RSN3681_SMART1.45_45O03EW	RSN3302_CHICHI.06_CHY076E	

续表

超越概率/%	地震动记录名称（刚性结构）			
	I 类场地	II 类场地	III 类场地	IV 类场地
63	RSN1488_CHICHI_TCU048-E	RSN3320_CHICHI.06_CHY111W	RSN3266_CHICHI.06_CHY026N	RSN4204_NIIGATA_NIG014EW
	RSN302_ITALY_B-VLT270	RSN1501_CHICHI_TCU063-N	RSN3276_CHICHI.06_CHY037E	RSN201_IMPVALL.A_A-E03230
	RSN4513_L-AQUILA.A_AM383YLN	RSN244_MAMMOTH.K_K-CVK090	RSN1637_MANJIL_188040	RSN5119_CHUETSU_ISK004EW
	RSN1475_CHICHI_TCU026-N	RSN8833_14383980_CIPSRHNN	RSN5805_IWATE_55447EW	
	RSN4235_NIIGATA_NIGH19NS	RSN710_WHITTIER.B_B-ING090	RSN8786_14383980_CIDLAHNE	
	RSN680_WHITTIER.A_A-KRE360	RSN1000_NORTHR_PIC090	RSN8_NCALIF.FH_F-FRN315	
	RSN1475_CHICHI_TCU026-E	RSN722_SUPER.B_B-KRN270	RSN36_BORREGO_A-ELC180	
80	RSN4472_L-AQUILA_TK003YLN	RSN740_LOMAP_ADL340	RSN1233_CHICHI_CHY082-E	
	RSN5681_IWATE_MYGH06EW	RSN4323_ABRUZZO.P_D-VLB090	RSN9_BORREGO_B-ELC000	
	RSN793_LOMAP_CFH090	RSN1791_HECTOR_IND360	RSN8893_14383980_14872360	
	RSN4384_UBMARCHE.P_J-CSC270	RSN1027_NORTHR_LV1090	RSN1419_CHICHI_TAP017-E	
	RSN1338_CHICHI_ILA050-E	RSN1029_NORTHR_LV3090	RSN268_VICT_SHP280	
	RSN1053_NORTHR_PHP000	RSN42_LYTLECR_CSP126	RSN1553_CHICHI_TCU141-N	
	RSN797_LOMAP_RIN000	RSN800_LOMAP_SJW160	RSN1238_CHICHI_CHY092-N	
100	RSN1709_NORTH392_GPO270	RSN740_LOMAP_ADL250	RSN3316_CHICHI.06_CHY100W	
	RSN4885_CHUETSU_69151NS	RSN1721_NORTH392_NWH360	RSN3496_CHICHI.06_TCU110N	
	RSN1518_CHICHI_TCU085-N	RSN10875_14312160_24860360	RSN2509_CHICHI.03_CHY104N	
	RSN8732_40204628_BPACPHHN	RSN709_WHITTIER.B_B-DWN180	RSN1240_CHICHI_CHY094-N	
	RSN8732_40204628_BPACPHHE	RSN4299_CLUCANO.P_H-CFT090	RSN1242_CHICHI_CHY099-W	
	RSN1164_KOCAELI_IST180	RSN9581_10410337_14825090	RSN1240_CHICHI_CHY094-W	
	RSN296_ITALY_B-BAG000	RSN1463_CHICHI_TCU003-N	RSN1423_CHICHI_TAP026-E	

表 6-2 针对刚-柔性结构的推荐设计地震动（PGA 未统一调幅条件下）

地震动记录名称（刚-柔性结构）

超越概率/%	I类场地	II类场地	III类场地	IV类场地
1	RSN1517_CHICHI_TCU084-E	RSN1197_CHICHI_CHY028-N	RSN1084_NORTHR_SCS052	RSN8123_CCHURCH_REHSN02E
	RSN779_LOMAP_LGP000	RSN4894_CHUETSU_1-G1NS	RSN4107_PARK2004_COW360	RSN3965_TOTTORI_TTR008EW
	RSN4891_CHUETSU_70026NS	RSN828_CAPEMEND_PET090	RSN8064_CCHURCH_CCCCN64E	RSN732_LOMAP_A02043
	RSN1051_NORTHR_PUL194	RSN1004_NORTHR_SPV270	RSN1084_NORTHR_SCS142	
	RSN77_SFERN_PUL164	RSN1509_CHICHI_TCU074-E	RSN1087_NORTHR_TAR360	
	RSN4876_CHUETSU_65059NS	RSN1106_KOBE_KJM000	RSN1087_NORTHR_TAR090	
	RSN451_MORGAN_CYC285	RSN983_NORTHR_JGB292	RSN1120_KOBE_TAK000	
2	RSN4876_CHUETSU_65059EW	RSN1044_NORTHR_NWH090	RSN5264_CHUETSU_NIG018NS	
	RSN143_TABAS_TAB-L1	RSN1509_CHICHI_TCU074-N	RSN8066_CCHURCH_CHHCS89W	
	RSN4874_CHUETSU_65057EW	RSN585_BAJA_CPE251	RSN8063_CCHURCH_CBGSN89W	
	RSN1492_CHICHI_TCU052-N	RSN963_NORTHR_ORR360	RSN8064_CCHURCH_CCCCN26W	
	RSN3548_LOMAP_LEX000	RSN776_LOMAP_HSP000	RSN5992_SIERRA.MEX_E11090	
	RSN3548_LOMAP_LEX090	RSN4895_CHUETSU_5-G1NS	RSN4100_PARK2004_C02090	
	RSN825_CAPEMEND_CPM000	RSN568_SANSALV_GIC090	RSN4896_CHUETSU_SG01EW	
3	RSN143_TABAS_TAB-T1	RSN821_ERZINCAN_ERZ-EW	RSN126_GAZLI_GAZ000	
	RSN77_SFERN_PUL254	RSN569_SANSALV_NGI180	RSN5264_CHUETSU_NIG018EW	
	RSN1051_NORTHR_PUL104	RSN6911_DARFIELD_HORCN18E	RSN8130_CCHURCH_SHLCS40W	
	RSN1080_NORTHR_KAT000	RSN6877_JOSHUA_5294090	RSN4107_PARK2004_COW090	
	RSN4874_CHUETSU_65057NS	RSN3748_CAPEMEND_FFS270	RSN5991_SIERRA.MEX_E10230	
	RSN4891_CHUETSU_70026EW	RSN1182_CHICHI_CHY006-W	RSN182_IMPVALL.H_H-E07230	
	RSN1507_CHICHI_TCU071-E	RSN1504_CHICHI_TCU067-N	RSN8067_CCHURCH_CMHSS80E	

续表

超越概率/%	地震动记录名称（刚-柔性结构）			
	I 类场地	II 类场地	III 类场地	IV 类场地
5	RSN1013_NORTHR_LDM064	RSN250_MAMMOTH.L_L-LUL090	RSN5814_IWATE_44B91EW	
	RSN1507_CHICHI_TCU071-N	RSN1052_NORTHR_PKC090	RSN5827_SIERRA.MEX_MDO000	
	RSN1511_CHICHI_TCU076-N	RSN1082_NORTHR_RO3090	RSN8130_CCHURCH_SHLCS50E	
	RSN2627_CHICHI.03_TCU076E	RSN4228_NIIGATA_NIGH11EW	RSN8066_CCHURCH_CHHCN01W	
	RSN4850_CHUETSU_65013EW	RSN585_BAJA_CPE161	RSN5837_SIERRA.MEX_01711-90	
	RSN1517_CHICHI_TCU084-N	RSN3746_CAPEMEND_CBF360	RSN8161_SIERRA.MEX_E12090	
	RSN2734_CHICHI.04_CHY074E	RSN723_SUPER.B_B-PTS315	RSN319_WESMORL_WSM090	
	RSN4864_CHUETSU_65037NS	RSN3475_CHICHI.06_TCU080N	RSN8606_SIERRA.MEX_CIWESHNE	RSN5665_IWATE_MYG006EW
10	RSN495_NAHANNI_S1010	RSN5663_IWATE_MYG004NS	RSN721_SUPER.B_B-ICC000	RSN6959_DARFIELD_REHSS88E
	RSN1485_CHICHI_TCU045-N	RSN1198_CHICHI_CHY029-E	RSN179_IMPVALL.H_H-E04140	RSN6959_DARFIELD_REHSN02E
	RSN4481_L-AQUILA_FA030XTE	RSN1082_NORTHR_RO3000	RSN6927_DARFIELD_LINCN67W	
	RSN1521_CHICHI_TCU089-E	RSN1193_CHICHI_CHY024-E	RSN5827_SIERRA.MEX_MDO090	
	RSN4481_L-AQUILA_FA030YLN	RSN952_NORTHR_MU2035	RSN8161_SIERRA.MEX_E12360	
	RSN4097_PARK2004_SCN090	RSN322_COALINGA.H_H-CAK270	RSN4102_PARK2004_C03360	
	RSN3744_CAPEMEND_BNH360	RSN573_SMART1.45_45I01EW	RSN181_IMPVALL.H_H-E06230	
	RSN5478_IWATE_AKT023EW	RSN148_COYOTELK_G03140	RSN5823_SIERRA.MEX_CHI000	
15	RSN825_CAPEMEND_CPM090	RSN147_COYOTELK_G02140	RSN729_SUPER.B_B-IVW360	
	RSN1511_CHICHI_TCU076-E	RSN6971_DARFIELD_SPFSN73W	RSN758_LOMAP_EMY350	
	RSN1510_CHICHI_TCU075-E	RSN3675_SMART1.45_45M05EW	RSN5988_SIERRA.MEX_DRE-90	
	RSN796_LOMAP_PRS090	RSN1528_CHICHI_TCU101-N	RSN1317_CHICHI_ILA013-W	
	RSN879_LANDERS_LCN345	RSN3671_SMART1.45_45I12EW	RSN6890_DARFIELD_CMHSN10E	

续表

超越概率/%	地震动记录名称（刚-柔性结构）			
	I 类场地	II 类场地	III 类场地	IV 类场地
20	RSN2626_CHICHI.03_TCU075E	RSN4882_CHUETSU_65321EW	RSN161_IMPVALL.H_H-BRA315	
	RSN5618_IWATE_IWT010NS	RSN577_SMART1.45_45O01EW	RSN6_IMPVALL.I_I-ELC270	
	RSN1484_CHICHI_TCU042-E	RSN4111_PARK2004_Z07360	RSN185_IMPVALL.H_H-HVP225	
	RSN1548_CHICHI_TCU128-N	RSN3845_CHICHI.03_CHY006W	RSN5823_SIERRA.MEX_CHI090	
	RSN1165_KOCAELI_IZT180	RSN3750_CAPEMEND_LFS270	RSN149_COYOTELK_G04360	
	RSN1165_KOCAELI_IZT090	RSN1297_CHICHI_HWA051-W	RSN159_IMPVALL.H_H-AGR003	
	RSN1484_CHICHI_TCU042-N	RSN4134_PARK2004_VYC090	RSN5672_IWATE_MYG013EW	
	RSN5775_IWATE_54009EW	RSN8771_14383980_CIBREHNE	RSN8134_CCHURCH_SMTCS02W	
30	RSN1488_CHICHI_TCU048-N	RSN504_SMART1.40_40EO1NS	RSN728_SUPER.B_B-WSM090	
	RSN2627_CHICHI.03_TCU076N	RSN4099_PARK2004_TM2360	RSN5831_SIERRA.MEX_SAL090	
	RSN6928_DARFIELD_LPCCS10E	RSN8967_14383980_NS698011	RSN6969_DARFIELD_SMTCN88W	
	RSN1497_CHICHI_TCU057-N	RSN850_LANDERS_DSP000	RSN6912_DARFIELD_HPSCS86W	
	RSN769_LOMAP_G06090	RSN3908_TOTTORI_OKY005EW	RSN6005_SIERRA.MEX_HVP360	
	RSN3274_CHICHI.06_CHY035N	RSN958_NORTHR_CMR180	RSN1204_CHICHI_CHY039-N	
	RSN794_LOMAP_DMH090	RSN4339_UBMARCHE.P_B-NCR000	RSN6942_DARFIELD_NNBSS77W	
40	RSN4852_CHUETSU_65018NS	RSN212_LIVERMOR_A-DVD246	RSN1212_CHICHI_CHY054-N	
	RSN222_LIVERMOR_B-LMO355	RSN6874_JOSHUA_5068135	RSN5805_IWATE_55447NS	
	RSN4064_PARK2004_DONNA-90	RSN340_COALINGA.H_H-Z16090	RSN97_PTMUGU_PHN180	
	RSN3932_TOTTORI_OKYH14EW	RSN4383_UBMARCHE.P_J-BCT090	RSN720_SUPER.B_B-CAL315	
	RSN4390_UBMARCHE.P_J-NRC270	RSN8833_14383980_CIP5RHNN	RSN1209_CHICHI_CHY047-W	
	RSN1642_SMADRE_COG155	RSN408_COALINGA_D-OLF360	RSN1183_CHICHI_CHY008-N	

续表

超越概率/%	地震动记录名称（刚-柔性结构）			
	I 类场地	II 类场地	III 类场地	IV 类场地
63	RSN788_LOMAP_PJH315	RSN4367_UBMARCHE.P_E-NCR270	RSN2947_CHICHI.05_CHY030E	RSN4989_CHUETSU_FKS020NS
	RSN4867_CHUETSU_65040EW	RSN3572_SMART1.05_05O03NS	RSN5259_CHUETSU_NIG013EW	RSN5120_CHUETSU_ISK005EW
	RSN1612_DUZCE_1059-N	RSN3691_WHITTIER.B_B-BPK090	RSN1243_CHICHI_CHY100-W	RSN5471_IWATE_AKT016NS
	RSN2622_CHICHI.03_TCU071N	RSN3687_WHITTIER.B_B-JAB207	RSN1115_KOBE_SKI090	
	RSN5474_IWATE_AKT019EW	RSN3735_WHITTIER.B_B-EJS048	RSN719_SUPER.B_B-BRA225	
	RSN1259_CHICHI_HWA006-N	RSN3562_SMART1.05_05M03NS	RSN176_IMPVALL.H_H-E13140	
	RSN5791_IWATE_54065EW	RSN4123_PARK2004_PG4090	RSN1237_CHICHI_CHY090-E	
80	RSN4553_L-AQUILA.B_CW119YLN	RSN8895_14383980_23090360	RSN1250_CHICHI_CHY116-N	
	RSN11561_10275733_US707360	RSN3870_TOTTORI_HRS001EW	RSN3039_CHICHI.05_HWA059N	
	RSN8968_14383980_US707360	RSN10875_14312160_24860090	RSN4264_ANCONA.P_R-ANP000	
	RSN9829_51182810_NCMCBHNN	RSN4375_UBMARCHE.P_H-NCR000	RSN2410_CHICHI.02_TCU110N	
	RSN73_SFERN_L09021	RSN9569_10410337_14368360	RSN726_SUPER.B_B-WLF225	
	RSN9071_14151344_AZPFOHLE	RSN559_CHALFANT.B_C-LAD180	RSN2947_CHICHI.05_CHY030N	
	RSN8968_14383980_US707090	RSN397_COALINGA_C-CHP000	RSN383_COALINGA_A-PVY045	
100	RSN1649_SMADRE_VAS000	RSN10658_10370141_N5373090	RSN3881_TOTTORI_HRS015NS	
	RSN10541_10370141_CISVDHNE	RSN9561_10410337_14058360	RSN9583_10410337_14829090	
	RSN657_WHITTIER.A_A-LAS250	RSN2050_YLINDA_13873090	RSN9548_10410337_14004360	
	RSN8818_14383980_CIMURHNE	RSN685_WHITTIER.A_A-PMN102	RSN8843_14383980_CISANHNN	
	RSN5649_IWATE_IWTH17EW	RSN12353_40194055_01847360	RSN4178_NIIGATA_GNM013NS	
	RSN3879_TOTTORI_HRS011NS	RSN3950_TOTTORI_SMNH04EW	RSN9485_10410337_CIDLAHNN	
	RSN4514_L-AQUILA.A_AI015XTE	RSN9477_10410337_14405HNN	RSN2944_CHICHI.05_CHY026N	

表6-3 针对柔性结构的推荐设计地震动（PGA未统一调幅条件下）

超越概率/%	I类场地	II类场地	地震动记录名称（柔性结构） III类场地	IV类场地
1	RSN1492_CHICHI_TCU052-E	RSN1086_NORTHR_SYL360	RSN181_IMPVALL.H-E06230	
	RSN1492_CHICHI_TCU052-N	RSN1045_NORTHR_WPI046	RSN1084_NORTHR_SCS052	
	RSN143_TABAS_TAB-T1	RSN1085_NORTHR_SCE011	RSN1246_CHICHI_CHY104-N	
	RSN1517_CHICHI_TCU084-E	RSN4209_NIIGATA_NIG019EW	RSN1244_CHICHI_CHY101-N	
	RSN779_LOMAP_LGP000	RSN1063_NORTHR_RRS228	RSN1120_KOBE_TAK000	
	RSN879_LANDERS_LCN260	RSN6906_DARFIELD_GDLCN55W	RSN4896_CHUETSU_SG01EW	
	RSN1529_CHICHI_TCU102-E	RSN6911_DARFIELD_HORCN18E	RSN8161_SIERRA.MEX_E12090	
	RSN1529_CHICHI_TCU102-N	RSN8157_CCHURCH_HVSCS26W	RSN1087_NORTHR_TAR090	RSN5665_IWATE_MYG006EW
	RSN1510_CHICHI_TCU075-E	RSN1535_CHICHI_TCU109-E	RSN179_IMPVALL.H-E04230	RSN1310_CHICHI_ILA004-W
	RSN143_TABAS_TAB-L1	RSN6960_DARFIELD_RHSCS04W	RSN6927_DARFIELD_LINCN23E	RSN8123_CCHURCH_REHSN02E
2	RSN77_SFERN_PUL164	RSN1482_CHICHI_TCU039-N	RSN182_IMPVALL.H-E07230	
	RSN1548_CHICHI_TCU128-E	RSN828_CAPEMEND_PET090	RSN180_IMPVALL.H-E05230	
	RSN825_CAPEMEND_CPM000	RSN1194_CHICHI_CHY025-E	RSN1114_KOBE_PRI000	
	RSN1502_CHICHI_TCU064-N	RSN1158_KOCAELI_DZC180	RSN8606_SIERRA.MEX_CIWESHNE	
	RSN1548_CHICHI_TCU128-N	RSN803_LOMAP_WVC270	RSN1536_CHICHI_TCU110-E	
3	RSN3548_LOMAP_LEX090	RSN1495_CHICHI_TCU055-N	RSN6889_DARFIELD_CHHCN01W	
	RSN1488_CHICHI_TCU048-N	RSN1549_CHICHI_TCU129-E	RSN171_IMPVALL.H-EMO270	
	RSN1051_NORTHR_PUL194	RSN1533_CHICHI_TCU106-E	RSN6952_DARFIELD_PPHSS57E	
	RSN1502_CHICHI_TCU064-E	RSN1504_CHICHI_TCU067-N	RSN1244_CHICHI_CHY101-E	
	RSN1497_CHICHI_TCU057-N	RSN1515_CHICHI_TCU082-E	RSN1542_CHICHI_TCU117-E	
	RSN3548_LOMAP_LEX000	RSN1500_CHICHI_TCU061-N	RSN1246_CHICHI_CHY104-W	

超越概率/%	地震动记录名称（柔性结构）			
	I 类场地	II 类场地	III 类场地	IV 类场地
5	RSN4891_CHUETSU_70026NS	RSN5482_IWATE_AKTH04EW	RSN5825_SIERRA.MEX_GEO090	
	RSN4874_CHUETSU_65057EW	RSN568_SANSALV_GIC090	RSN6887_DARFIELD_CBGS01W	
	RSN1633_MANJIL_ABBAR--T	RSN3750_CAPEMEND_LFS270	RSN184_IMPVALL.H_H-EDA270	
	RSN1484_CHICHI_TCU042-E	RSN1508_CHICHI_TCU072-E	RSN8090_CCHURCH_HPSCS86W	
	RSN1517_CHICHI_TCU084-N	RSN3968_TOTTORI_TTRH02EW	RSN1537_CHICHI_TCU111-E	
	RSN5810_IWATE_56362EW	RSN1106_KOBE_KJM090	RSN1540_CHICHI_TCU115-E	
	RSN1484_CHICHI_TCU042-N	RSN1044_NORTHR_NWH090	RSN1238_CHICHI_CHY092-W	RSN1310_CHICHI_ILA004-N
10	RSN1633_MANJIL_ABBAR--L	RSN828_CAPEMEND_PET000	RSN171_IMPVALL.H_H-EMO000	RSN178_IMPVALL.H_H-E03140
	RSN1532_CHICHI_TCU105-E	RSN5658_IWATE_IWTH26EW	RSN180_IMPVALL.H_H-E05140	RSN178_IMPVALL.H_H-E03230
	RSN4874_CHUETSU_65057NS	RSN1052_NORTHR_PKC360	RSN183_IMPVALL.H_H-E08230	
	RSN1080_NORTHR_KAT000	RSN5265_CHUETSU_NIG019EW	RSN6966_DARFIELD_SHLCS50E	
	RSN8158_CCHURCH_LPCCN10W	RSN6877_JOSHUA_5294090	RSN6942_DARFIELD_NNBS13E	
	RSN2734_CHICHI.04_CHY074N	RSN753_LOMAP_CLS000	RSN170_IMPVALL.H_H-ECC092	
	RSN1551_CHICHI_TCU138-W	RSN5482_IWATE_AKTH04NS	RSN6953_DARFIELD_PRPCS	
15	RSN8164_DUZCE_487-NS	RSN3645_SMART1.40_40M04EW	RSN777_LOMAP_HCH090	
	RSN8165_DUZCE_496-EW	RSN2658_CHICHI.03_TCU129E	RSN6966_DARFIELD_SHLCS40W	
	RSN771_LOMAP_GGB270	RSN3656_SMART1.40_40O05EW	RSN1553_CHICHI_TCU141-N	
	RSN1473_CHICHI_TCU018-N	RSN1512_CHICHI_TCU078-N	RSN4107_PARK2004_COW090	
	RSN495_NAHANNI_S1280	RSN506_SMART1.40_40I07EW	RSN778_LOMAP_HDA165	
	RSN459_MORGAN_G06090	RSN3640_SMART1.40_40I09EW	RSN5829_SIERRA.MEX_RII000	
	RSN1464_CHICHI_TCU006-N	RSN503_SMART1.40_40C00EW	RSN1552_CHICHI_TCU140-W	

超越概率/%	地震动记录名称（柔性结构）			
	I类场地	II类场地	III类场地	IV类场地
20	RSN4097_PARK2004_SCN090	RSN645_WHITTIER.A_A-OR2010	RSN160_IMPVALL.H_H-BCR230	
	RSN4846_CHUETSU_65009NS	RSN2461_CHICHI.03_CHY028N	RSN174_IMPVALL.H-E11230	
	RSN765_LOMAP_G01000	RSN4352_UBMARCHE.P_A-NCR000	RSN170_IMPVALL.H_H-ECC002	
	RSN5618_IWATE_IWT010EW	RSN540_PALMSPR_WWT270	RSN1147_KOCAELI_ATS090	
	RSN1165_KOCAELI_IZT180	RSN752_LOMAP_CAP090	RSN1183_CHICHI_CHY008-W	
	RSN1050_NORTHR_PAC265	RSN4130_PARK2004_PV1090	RSN5837_SIERRA.MEX_01711360	
	RSN1520_CHICHI_TCU088-N	RSN510_SMART1.40_40O07EW	RSN1104_KOBE_FKS090	
30	RSN4845_CHUETSU_65008NS	RSN509_SMART1.40_40O01EW	RSN412_COALINGA_D-PVY045	
	RSN4884_CHUETSU_690F1EW	RSN4130_PARK2004_PV1360	RSN368_COALINGA.H_H-PVY135	
	RSN4893_CHUETSU_70031NS	RSN3661_SMART1.40_40O12EW	RSN4116_PARK2004_Z14360	
	RSN4884_CHUETSU_690F1NS	RSN4099_PARK2004_TM2360	RSN4126_PARK2004_SC1360	
	RSN4229_NIIGATA_NIGH12NS	RSN4099_PARK2004_TM2090	RSN6_IMPVALL.I_I-ELC270	
	RSN150_COYOTELK_G06320	RSN1001_NORTHR_GR2090	RSN4100_PARK2004_C02360	
	RSN793_LOMAP_CFH090	RSN4110_PARK2004_Z06090	RSN161_IMPVALL.H_H-BRA315	
40	RSN797_LOMAP_RIN090	RSN676_WHITTIER.A_A-BRI360	RSN149_COYOTELK_G04360	
	RSN1267_CHICHI_HWA016-E	RSN679_WHITTIER.A_A-KEC360	RSN799_LOMAP_SFO090	
	RSN1347_CHICHI_ILA063-N	RSN1670_NORTH009_NWH180	RSN1419_CHICHI_TAP017-E	
	RSN1474_CHICHI_TCU025-N	RSN5821_IWATE_4DF11EW	RSN1456_CHICHI_TAP095-E	
	RSN4893_CHUETSU_70031EW	RSN625_WHITTIER.A_A-ING090	RSN165_IMPVALL.H_H-CHI012	
	RSN4854_CHUETSU_65020NS	RSN626_WHITTIER.A_A-116360	RSN3270_CHICHI.06_CHY030E	
	RSN1832_HECTOR_SVD090	RSN678_WHITTIER.A_A-CIR180	RSN4102_PARK2004_C03090	

续表

超越概率/%	地震动记录名称（柔性结构）			
	I 类场地	II 类场地	III 类场地	IV 类场地
63	RSN897_LANDERS_29P090	RSN4268_FRIULI.P_H-FOC000	RSN4081_PARK2004_C05090	RSN808_LOMAP_TRI000
	RSN357_COALINGA.H_H-SC3090	RSN695_WHITTIER.A_A-RO3090	RSN700_WHITTIER.A_A-TAR000	RSN1229_CHICHI_CHY078-E
	RSN1259_CHICHI_HWA006-N	RSN252_MAMMOTH.AH_C-XGR146	RSN996_NORTHR_FAR000	RSN4215_NIIGATA_NIG025EW
	RSN291_ITALY_A-VLT270	RSN682_WHITTIER.A_A-MUD090	RSN790_LOMAP_RCH190	
	RSN80_SFERN_PSL270	RSN683_WHITTIER.A_A-OLD000	RSN1752_NWCHINA3_JIA000	
	RSN797_LOMAP_RIN000	RSN1631_UPLAND_PMN000	RSN3282_CHICHI.06_CHY047N	
	RSN3220_CHICHI.05_TCU138W	RSN711_WHITTIER.B_B-116270	RSN411_COALINGA_D-PVP360	
	RSN3957_TOTTORI_SMNH13NS	RSN4351_UBMARCHE.P_A-MTL270	RSN200_IMPVALL.A_A-E02140	
80	RSN1126_KOZANI_KOZ-T	RSN1643_SMADRE_LAC180	RSN3210_CHICHI.05_TCU113E	
	RSN4369_UBMARCHE.P_E-NCM000	RSN8376_BEARCTY_CIBBRHLN	RSN9567_10410337_14176045	
	RSN1795_HECTOR_JTN180	RSN9563_10410337_14060360	RSN27_HOLLISTR_C-HCH271	
	RSN3202_CHICHI.05_TCU102E	RSN8841_14383980_CIRUSHNN	RSN2959_CHICHI.05_CHY055N	
	RSN4553_L-AQUILA.B_CW119YLN	RSN8957_14383980_U5428360	RSN206_IMPVALL.A_A-E08230	
	RSN2935_CHICHI.04_TTN051E	RSN512_PALMSPR_ATL360	RSN3919_TOTTORI_OKYH01EW	
100	RSN4514_L-AQUILA.A_AI015YLN	RSN3621_SMART1.33_33M06EW	RSN9485_10410337_CIDLAHNE	
	RSN89_SFERN_TEH090	RSN1751_NWCHINA2_XIK270	RSN8627_40204628_N1788HNN	
	RSN1649_SMADRE_VAS000	RSN8815_14383980_CIMLSHNN	RSN4125_PARK2004_PG6090	
	RSN715_WHITTIER.B_B-MTW090	RSN9506_10410337_CIWTTHNE	RSN197_IMPVALL.A_A-E01140	
	RSN4248_NIIGATA_TCGH17EW	RSN118_OROVILLE_D-OR4235	RSN9485_10410337_CIDLAHNN	
	RSN8169_SANJUAN_BKSAOHLN	RSN12054_14116972_N5329180	RSN9548_10410337_14004360	
	RSN1720_NORTH392_ANG115	RSN120_OROVILLE_D-OR1090	RSN1711_NORTH392_FAR000	

表6-4　针对刚性结构的推荐设计地震动（PGA统一调幅条件下）

超越概率/%	地震动记录名称（刚性结构）			
	I类场地	II类场地	III类场地	IV类场地
1	RSN5815_IWATE_44BC1NS	RSN3979_SANSIMEO_37737090	RSN5829_SIERRA.MEX_RII000	RSN178_IMPVALL.H_H-E03140
	RSN3257_CHICHI.05_TTN051N	RSN3215_CHICHI.05_TCU123E	RSN2937_CHICHI.05_CHY015N	RSN6206_TOTTORI.1_HRS013NS
	RSN4455_MONTENE.GRO_HRZ000	RSN460_MORGAN_GMR090	RSN2984_CHICHI.05_CHY093N	RSN5989_SIERRA.MEX_E03270
	RSN3178_CHICHI.05_TCU052E	RSN742_LOMAP_BVF220	RSN5829_SIERRA.MEX_RII090	
	RSN71_SFERN_L12291	RSN1030_NORTHR_LV4090	RSN3210_CHICHI.05_TCU113N	
	RSN4852_CHUETSU_65018NS	RSN978_NORTHR_WIL090	RSN16_NCALIF.AG_A-FRN044	
	RSN3954_TOTTORI_SMNH10EW	RSN3038_CHICHI.05_HWA058E	RSN6942_DARFIELD_NNBSS77W	
	RSN302_ITALY_B-VLT000	RSN4138_PARK2004_UP01090	RSN4208_NIIGATA_NIG018NS	
	RSN1078_NORTHR_SSU000	RSN951_NORTHR_JAB310	RSN5988_SIERRA.MEX_DRE360	
2	RSN2935_CHICHI.04_TTN051N	RSN698_WHITTIER.A_A-SYL090	RSN2008_CABAJA_E07360	
	RSN1507_CHICHI_TCU071-E	RSN164_IMPVALL.H_H-CPE147	RSN9583_10410337_14829360	
	RSN3879_TOTTORI_HRS011EW	RSN1063_NORTHR_RRS318	RSN1750_NWCHINA2_JIA270	
	RSN1618_DUZCE_531-E	RSN4269_FRIULI.P_K-FOC090	RSN3857_CHICHI.05_CHY002W	
	RSN1633_MANJIL_ABBAR--T	RSN650_WHITTIER.A_A-RIM105	RSN3270_CHICHI.06_CHY030E	
	RSN4384_UBMARCHE.P_J-CSC000	RSN602_WHITTIER.A_A-BUE340	RSN185_IMPVALL.H_H-HVP315	
3	RSN150_COYOTELK_G06320	RSN308_SMART1.05_05I12NS	RSN6207_TOTTORI.1_HRS014EW	
	RSN1281_CHICHI_HWA032-N	RSN4274_FRIULI.P_Q-FOC090	RSN9056_14151344_CIMSJHLE	
	RSN476_MORGAN_LOB320	RSN1512_CHICHI_TCU078-N	RSN2955_CHICHI.05_CHY047W	
	RSN3509_CHICHI.06_TCU138N	RSN42_LYTLECR_CSP126	RSN3866_CHICHI.06_CHY008W	
	RSN4858_CHUETSU_65028NS	RSN1076_NORTHR_EJS030	RSN4178_NIIGATA_GNM013EW	
	RSN769_LOMAP_G06090	RSN2655_CHICHI.03_TCU122N	RSN4222_NIIGATA_NIGH05NS	

续表

超越概率/%	地震动记录名称（刚性结构）			
	I 类场地	II 类场地	III 类场地	IV 类场地
5	RSN1256_CHICHI_HWA002-W	RSN6878_JOSHUA_5295180	RSN3317_CHICHI.06_CHY101E	
	RSN4514_L-AQUILA.A_AI015YLN	RSN2628_CHICHI.03_TCU078E	RSN5831_SIERRA.MEX_SAL000	
	RSN587_NEWZEAL_A-MAT353	RSN705_WHITTIER.A_A-SOR225	RSN5823_SIERRA.MEX_CHI090	
	RSN1786_HECTOR_HBS090	RSN517_PALMSPR_DSP090	RSN728_SUPER.B_B-WSM090	
	RSN4509_L-AQUILA.A_FA194YLN	RSN762_LOMAP_FRE090	RSN1544_CHICHI_TCU119-N	
	RSN3008_CHICHI.05_HWA020N	RSN968_NORTHR_DWN090	RSN18443_21423530_36456360	
	RSN1078_NORTHR_SSU090	RSN634_WHITTIER.A_A-FLE144	RSN464_MORGAN_HD3345	
10	RSN3018_CHICHI.05_HWA031E	RSN591_WHITTIER.A_A-WBA000	RSN1637_MANJIL_188040	
	RSN4235_NIIGATA_NIGH19NS	RSN1491_CHICHI_TCU051-E	RSN4880_CHUETSU_65085NS	RSN5119_CHUETSU_ISK004EW
	RSN5480_IWATE_AKTH02EW	RSN940_BIGBEAR_WRI090	RSN1115_KOBE_SKI090	
	RSN3774_NORTH392_CHL070	RSN4210_NIIGATA_NIG020EW	RSN3210_CHICHI.05_TCU113E	RSN178_IMPVALL.H_H-E03230
	RSN1732_NORTH392_KAT090	RSN591_WHITTIER.A_A-WBA090	RSN160_IMPVALL.H_H-BCR230	RSN4201_NIIGATA_NIG011EW
	RSN3257_CHICHI.05_TTN051E	RSN1048_NORTHR_STC090	RSN1115_KOBE_SKI000	
	RSN2950_CHICHI.05_CHY035N	RSN280_TRINIDAD.B_B-RDL000	RSN5990_SIERRA.MEX_E07360	
15	RSN1338_CHICHI_ILA050-N	RSN742_LOMAP_BVF310	RSN3881_TOTTORI_HRS015EW	
	RSN459_MORGAN_G06090	RSN289_ITALY_A-CTR000	RSN8522_SIERRA.MEX_CIERRHNE	
	RSN1464_CHICHI_TCU006-N	RSN964_NORTHR_CAS000	RSN4108_PARK2004_COH090	
	RSN1613_DUZCE_1060-E	RSN8166_DUZCE_498-NS	RSN8133_CCHURCH_SLRCS28E	
	RSN1020_NORTHR_H12090	RSN3560_SMART1.05_05109NS	RSN8893_14383980_14872360	
	RSN1696_NORTH392_HOW060	RSN1057_NORTHR_SAR270	RSN5969_SIERRA.MEX_BCR090	
	RSN12263_40199209_58471090	RSN761_LOMAP_FMS180	RSN8627_40204628_N1788HNE	

续表

超越概率/%	地震动记录名称（刚性结构）			
	I类场地	II类场地	III类场地	IV类场地
20	RSN4054_BAM_MOH-L	RSN461_MORGAN_HVR150	RSN8133_CCHURCH_SLRCS62W	
	RSN3216_CHICHI.05_TCU128E	RSN2982_CHICHI.05_CHY088E	RSN5837_SIERRA.MEX_01711360	
	RSN755_LOMAP_CYC195	RSN1838_HECTOR_WWT155	RSN5990_SIERRA.MEX_E07090	
	RSN1284_CHICHI_HWA035-N	RSN5274_CHUETSU_NIG028EW	RSN3319_CHICHI.06_CHY107N	
	RSN1091_NORTHR_VAS090	RSN882_LANDERS_FHS000	RSN102_NCALIF.AG_D-FRN224	
	RSN4865_CHUETSU_65038EW	RSN1816_HECTOR_NPF270	RSN176_IMPVALL.H_H-E13230	
	RSN1507_CHICHI_TCU071-N	RSN418_COALINGA_F-CHP090	RSN5674_IWATE_MYG015EW	
30	RSN1102_KOBE_CHY000	RSN1782_HECTOR_FFP180	RSN9_BORREGO_B-ELC000	
	RSN4165_NIIGATA_FKSH05EW	RSN1000_NORTHR_PIC090	RSN204_IMPVALL.A_A-E06230	
	RSN4846_CHUETSU_65009NS	RSN3711_WHITTIER.B_B-FLE144	RSN6890_DARFIELD_CMHSS80E	
	RSN3904_TOTTORI_HYGH12EW	RSN4068_PARK2004_HOG-90	RSN8130_CCHURCH_SHLCS50E	
	RSN1338_CHICHI_ILA050-E	RSN8486_PARK2004_NPHOBHNE	RSN6942_DARFIELD_NNBSS13E	
	RSN4453_MONTENE.GRO_DUB000	RSN3757_LANDERS_NPF180	RSN4202_NIIGATA_NIG012NS	
	RSN1474_CHICHI_TCU025-E	RSN960_NORTHR_LOS270	RSN8843_14383980_CISANHNN	
40	RSN4127_PARK2004_SC2360	RSN3691_WHITTIER.B_B-BPK090	RSN207_IMPVALL.A_A-EDA270	
	RSN5791_IWATE_54065EW	RSN3854_CHICHI.04_CHY010W	RSN175_IMPVALL.H_H-E12140	
	RSN133_FRIULI.B_B-SRO270	RSN6915_DARFIELD_HVSCS64E	RSN6_IMPVALL.I_I-ELC180	
	RSN11066_51171759_57383360	RSN1785_HECTOR_FVR360	RSN1240_CHICHI_CHY094-N	
	RSN6734_NIIGATA_SIT006NS	RSN8797_14383980_CIGSAHNN	RSN319_WESMORL_WSM090	
	RSN11686_40234037_BKMHCHLE	RSN4113_PARK2004_Z09360	RSN1637_MANJIL_188310	
	RSN1293_CHICHI_HWA046-N	RSN1495_CHICHI_TCU055-N	RSN8522_SIERRA.MEX_CIERRHNN	

续表

超越概率/%	地震动记录名称（刚性结构）			
	I 类场地	II 类场地	III 类场地	IV 类场地
63	RSN3744_CAPEMEND_BNH360	RSN3757_LANDERS_NPF090	RSN2988_CHICHI.05_CHY100N	
	RSN8110_CCHURCH_MQZN	RSN3320_CHICHI.06_CHY111W	RSN5823_SIERRA.MEX_CHI000	
	RSN814_GREECE_L-EDE-NS	RSN3734_WHITTIER.B_B-GRN270	RSN2958_CHICHI.05_CHY054E	RSN1357_CHICHI_KAU011-N
	RSN663_WHITTIER.A_A-MTW000	RSN10850_14312160_24126360	RSN1711_NORTH392_FAR000	RSN5260_CHUETSU_NIG014NS
	RSN357_COALINGA.H_H-SC3090	RSN953_NORTHR_MUL279	RSN195_IMPVALL.A_A-CXO225	RSN8123_CCHURCH_REHSN02E
	RSN5649_IWATE_IWTH17EW	RSN709_WHITTIER.B_B-DWN180	RSN642_WHITTIER.A_A-W70000	
	RSN1518_CHICHI_TCU085-E	RSN2739_CHICHI.04_CHY080N	RSN170_IMPVALL.H_H-ECC002	
80	RSN1453_CHICHI_TAP087-N	RSN461_MORGAN_HVR240	RSN3863_CHICHI.06_CHY002N	
	RSN1211_CHICHI_CHY052-N	RSN9563_10410337_14060360	RSN8786_14383980_CIDLAHNE	
	RSN793_LOMAP_CFH000	RSN389_COALINGA_A-VEW005	RSN1244_CHICHI_CHY101-N	
	RSN2712_CHICHI.04_CHY042E	RSN10875_14312160_24860360	RSN10809_14312160_CISMVHLN	
	RSN5686_IWATE_MYGH12NS	RSN371_COALINGA_A-CPL000	RSN19_CTRCALIF_A-HCH271	
	RSN879_LANDERS_LCN345	RSN5784_IWATE_54031EW	RSN1195_CHICHI_CHY026-N	
	RSN525_PALMSPR_LMR162	RSN3493_CHICHI.06_TCU107E	RSN783_LOMAP_OHW000	
100	RSN4248_NIIGATA_TCGH17EW	RSN6906_DARFIELD_GDLCS35W	RSN182_IMPVALL.H_H-E07230	
	RSN1529_CHICHI_TCU102-E	RSN8896_14383980_23178090	RSN5264_CHUETSU_NIG018NS	
	RSN3883_TOTTORI_HRS017EW	RSN9651_10410337_U5429090	RSN1110_KOBE_MRG000	
	RSN9048_14151344_ALVA2HHN	RSN4847_CHUETSU_65010EW	RSN1543_CHICHI_TCU118-E	
	RSN9071_14151344_AZPFOHLE	RSN1503_CHICHI_TCU065-N	RSN1537_CHICHI_TCU111-E	
	RSN2466_CHICHI.03_CHY035E	RSN527_PALMSPR_MVH135	RSN3717_WHITTIER.B_B-W70000	
	RSN1757_SANJUAN_SGI270	RSN828_CAPEMEND_PET000	RSN97_PTMUGU_PHN180	

表6-5 针对刚-柔性结构的推荐设计地震动（PGA统一调幅条件下）

超越概率/%	地震动记录名称（刚-柔性结构）			
	I类场地	II类场地	III类场地	IV类场地
1	RSN4884_CHUETSU_690F1NS	RSN1320_CHICHI_ILA016-W	RSN1418_CHICHI_TAP014-N	
	RSN4884_CHUETSU_690F1EW	RSN878_LANDERS_DEL090	RSN1422_CHICHI_TAP024-W	
	RSN3307_CHICHI.06_CHY086E	RSN583_SMART1.45_45O10NS	RSN1411_CHICHI_TAP005-N	
	RSN1529_CHICHI_TCU102-N	RSN1263_CHICHI_HWA012-N	RSN1329_CHICHI_ILA037-E	
	RSN789_LOMAP_PTB297	RSN3504_CHICHI.06_TCU123E	RSN1416_CHICHI_TAP012-N	
	RSN1202_CHICHI_CHY035-E	RSN4857_CHUETSU_65027NS	RSN1419_CHICHI_TAP017-N	
	RSN4885_CHUETSU_69151NS	RSN1155_KOCAELI_BUR090	RSN1336_CHICHI_ILA048-N	
	RSN1278_CHICHI_HWA029-E	RSN1314_CHICHI_ILA008-W	RSN1420_CHICHI_TAP020-W	
	RSN1234_CHICHI_CHY086-E	RSN1345_CHICHI_ILA061-W	RSN1457_CHICHI_TAP097-N	
2	RSN1108_KOBE_KBU000	RSN3682_SMART1.45_45O09EW	RSN338_COALINGA.H_H-Z14000	RSN732_LOMAP_A02043
	RSN1280_CHICHI_HWA031-N	RSN3679_SMART1.45_45M11EW	RSN1396_CHICHI_KAU085-N	RSN4204_NIIGATA_NIG014EW
	RSN3279_CHICHI.06_CHY042N	RSN1534_CHICHI_TCU107-N	RSN1147_KOCAELI_ATS090	RSN1334_CHICHI_ILA044-N
	RSN4888_CHUETSU_6E101NS	RSN1465_CHICHI_TCU007-E	RSN1330_CHICHI_ILA039-E	
	RSN1551_CHICHI_TCU138-N	RSN1628_STELLAS_059V2090	RSN1457_CHICHI_TAP097-W	
3	RSN1206_CHICHI_CHY042-E	RSN1342_CHICHI_ILA055-W	RSN777_LOMAP_HCH180	
	RSN1232_CHICHI_CHY081-E	RSN3669_SMART1.45_45I09NS	RSN1420_CHICHI_TAP020-S	
	RSN2632_CHICHI.03_TCU084E	RSN1574_CHICHI_TTN022-E	RSN1331_CHICHI_ILA041-W	
	RSN1278_CHICHI_HWA029-N	RSN1531_CHICHI_TCU104-E	RSN348_COALINGA.H_H-PG1090	
	RSN2498_CHICHI.03_CHY086E	RSN574_SMART1.45_45I07NS	RSN1413_CHICHI_TAP007-S	
	RSN1117_KOBE_TOT000	RSN3645_SMART1.40_40M04EW	RSN1343_CHICHI_ILA056-N	
	RSN3279_CHICHI.06_CHY042E	RSN1285_CHICHI_HWA036-N	RSN1422_CHICHI_TAP024-S	

续表

超越概率/%	地震动记录名称（刚-柔性结构）			
	I 类场地	II 类场地	III 类场地	IV 类场地
5	RSN1464_CHICHI_TCU006-N	RSN1588_CHICHI_TTN044-N	RSN1459_CHICHI_TAP100-N	
	RSN3274_CHICHI.06_CHY035E	RSN503_SMART1.40_40C00EW	RSN1536_CHICHI_TCU110-N	
	RSN1280_CHICHI_HWA031-E	RSN931_BIGBEAR_HOS090	RSN1423_CHICHI_TAP026-N	
	RSN1159_KOCAELI_ERG180	RSN1498_CHICHI_TCU059-E	RSN2649_CHICHI.03_TCU115E	
	RSN3744_CAPEMEND_BNH270	RSN2465_CHICHI.03_CHY034N	RSN334_COALINGA.H_H-COW000	
	RSN1582_CHICHI_TTN032-N	RSN3641_SMART1.40_40I11EW	RSN462_MORGAN_HCH271	
	RSN1434_CHICHI_TAP049-N	RSN3650_SMART1.40_40M10EW	RSN3496_CHICHI.06_TCU110E	
	RSN4865_CHUETSU_65038EW	RSN505_SMART1.40_40I01EW	RSN1328_CHICHI_ILA036-E	
	RSN1053_NORTHR_PHP000	RSN861_LANDERS_WAI290	RSN728_SUPER.B_B-WSM180	
	RSN6992_DARFIELD_LSRCN15W	RSN3634_SMART1.40_40I02EW	RSN2746_CHICHI.04_CHY092N	RSN8123_CCHURCH_REHSN02E
10	RSN1154_KOCAELI_BSI180	RSN3651_SMART1.40_40M11EW	RSN1323_CHICHI_ILA027-N	RSN732_LOMAP_A02133
	RSN2871_CHICHI.04_TCU084N	RSN1465_CHICHI_TCU007-N	RSN1207_CHICHI_CHY044-E	RSN5260_CHUETSU_NIG014EW
	RSN1497_CHICHI_TCU057-E	RSN3642_SMART1.40_40I12EW	RSN758_LOMAP_EMY260	
	RSN1582_CHICHI_TTN032-E	RSN1468_CHICHI_TCU010-E	RSN1114_KOBE_PRI090	
15	RSN1279_CHICHI_HWA030-E	RSN878_LANDERS_DEL000	RSN1189_CHICHI_CHY017-N	
	RSN1473_CHICHI_TCU018-E	RSN1030_NORTHR_LV4090	RSN1311_CHICHI_ILA005-N	
	RSN459_MORGAN_G06090	RSN812_LOMAP_WDS000	RSN1200_CHICHI_CHY033-N	
	RSN1256_CHICHI_HWA002-W	RSN888_LANDERS_HOS180	RSN1337_CHICHI_ILA049-N	
	RSN1523_CHICHI_TCU094-E	RSN4849_CHUETSU_65012EW	RSN1343_CHICHI_ILA056-W	
	RSN1267_CHICHI_HWA016-E	RSN6922_DARFIELD_KOKSS64E	RSN334_COALINGA.H_H-COW090	
	RSN2709_CHICHI.04_CHY035E	RSN6971_DARFIELD_SPFSN73W	RSN1121_KOBE_YAE090	

续表

超越概率/%	地震动记录名称（刚-柔性结构）			
	I类场地	II类场地	III类场地	IV类场地
20	RSN1211_CHICHI_CHY052-W	RSN3644_SMART1.40_40M03NS	RSN758_LOMAP_EMY350	
	RSN1475_CHICHI_TCU026-N	RSN3653_SMART1.40_40O02EW	RSN1237_CHICHI_CHY090-E	
	RSN4864_CHUETSU_65037NS	RSN3652_SMART1.40_40M12NS	RSN5814_IWATE_44B91EW	
	RSN4851_CHUETSU_65017EW	RSN569_SANSALV_NGI180	RSN729_SUPER.B_B-IVW360	
	RSN1206_CHICHI_CHY042-N	RSN1208_CHICHI_CHY046-N	RSN1189_CHICHI_CHY017-W	
	RSN1270_CHICHI_HWA020-N	RSN1348_CHICHI_ILA064-N	RSN5976_SIERRA.MEX_CAL360	
	RSN1268_CHICHI_HWA017-E	RSN3659_SMART1.40_40O10EW	RSN1552_CHICHI_TCU140-W	
	RSN2626_CHICHI.03_TCU075E	RSN2700_CHICHI.04_CHY025N	RSN8606_SIERRA.MEX_CIWESHNE	
30	RSN788_LOMAP_PJH315	RSN1198_CHICHI_CHY029-E	RSN4855_CHUETSU_65024EW	
	RSN794_LOMAP_DMH090	RSN1158_KOCAELI_DZC180	RSN2720_CHICHI.04_CHY056N	
	RSN1507_CHICHI_TCU071-E	RSN1119_KOBE_TAZ000	RSN2754_CHICHI.04_CHY104N	
	RSN1475_CHICHI_TCU026-E	RSN3645_SMART1.40_40M04NS	RSN266_VICT_CHI192	
	RSN1518_CHICHI_TCU085-N	RSN8771_14383980_CIBREHNE	RSN1250_CHICHI_CHY116-N	
	RSN302_ITALY_B-VLT270	RSN8967_14383980_NS698011	RSN1228_CHICHI_CHY076-N	
40	RSN4553_L-AQUILA.B_CW119YLN	RSN8886_14383980_13882360	RSN873_LANDERS_W70000	
	RSN4893_CHUETSU_70031NS	RSN1380_CHICHI_KAU054-E	RSN5975_SIERRA.MEX_CXO090	
	RSN989_NORTHR_CHL070	RSN504_SMART1.40_40EO1NS	RSN6_IMPVALL.I_I-ELC270	
	RSN5618_IWATE_IWT010NS	RSN8937_14383980_U5286360	RSN1554_CHICHI_TCU145-W	
	RSN1078_NORTHR_SSU000	RSN668_WHITTIER.A_A-NOR090	RSN2968_CHICHI.05_CHY065N	
	RSN2627_CHICHI.03_TCU076N	RSN1060_NORTHR_CUC180	RSN3277_CHICHI.06_CHY039N	
	RSN6949_DARFIELD_PEECN11W	RSN3743_WHITTIER.B_B-SOR315	RSN5831_SIERRA.MEX_SAL090	

续表

超越概率/%	地震动记录名称（刚—柔性结构）			
	I 类场地	II 类场地	III 类场地	IV 类场地
63	RSN4852_CHUETSU_65018NS	RSN4228_NIIGATA_NIGH11EW	RSN161_IMPVALL.H_H-BRA315	RSN178_IMPVALL.H_H-E03140
	RSN781_LOMAP_XSP090	RSN672_WHITTIER.A_A-KAG045	RSN2988_CHICHI.05_CHY100N	RSN962_NORTHR_WAT270
	RSN545_CHALFANT.B_B-BPL160	RSN4480_L-AQUILA_GX066XTE	RSN4107_PARK2004_COW090	RSN4201_NIIGATA_NIG011EW
	RSN2626_CHICHI.03_TCU075N	RSN8895_14383980_23090360	RSN185_IMPVALL.H_H-HVP225	
	RSN4553_L-AQUILA.B_CW119XTE	RSN516_PALMSPR_CFR315	RSN1115_KOBE_SKI090	
	RSN357_COALINGA.H_H-SC3000	RSN3700_WHITTIER.B_B-BAD000	RSN8102_CCHURCH_LINCN67W	
	RSN4329_POTENZA.P_A-VLT000	RSN3570_SMART1.05_05M12NS	RSN6888_DARFIELD_CCCCN64E	
80	RSN419_COALINGA_F-CSU090	RSN377_COALINGA_A-LLN000	RSN208_IMPVALL.A_A-HVP315	
	RSN1645_SMADRE_MTW000	RSN685_WHITTIER.A_A-PMN102	RSN5279_CHUETSU_NIGH05NS	
	RSN1642_SMADRE_COG155	RSN385_COALINGA_A-SUB090	RSN314_WESMORL_BRA225	
	RSN934_BIGBEAR_SIL090	RSN3709_WHITTIER.B_B-CYP053	RSN8843_14383980_CISANHNE	
	RSN4852_CHUETSU_65018EW	RSN9587_10410337_14844360	RSN197_IMPVALL.A_A-E01140	
	RSN5474_IWATE_AKT019EW	RSN4152_NIIGATA_FKS021EW	RSN204_IMPVALL.A_A-E06230	
	RSN419_COALINGA_F-CSU000	RSN385_COALINGA_A-SUB000	RSN195_IMPVALL.A_A-CXO315	
100	RSN8968_14383980_US707360	RSN9497_10410337_CILTPHNN	RSN9583_10410337_14829090	
	RSN1649_SMADRE_VAS000	RSN12286_40194055_NCCRHHNE	RSN2169_CHICHI.02_CHY036N	
	RSN2622_CHICHI.03_TCU071N	RSN10584_10370141_13915090	RSN205_IMPVALL.A_A-E07230	
	RSN45_LYTLECR_DCF180	RSN4335_UBMARCHE.P_B-AAL108	RSN2984_CHICHI.05_CHY093N	
	RSN403_COALINGA_C-CSU090	RSN18442_21423530_36447360	RSN2975_CHICHI.05_CHY076N	
	RSN8818_14383980_CIMURHNN	RSN9547_10410337_14002360	RSN203_IMPVALL.A_A-E05140	
	RSN1520_CHICHI_TCU088-E	RSN1660_NORTH001_PEL360	RSN3221_CHICHI.05_TCU140N	

表6-6 针对柔性结构的推荐设计地震动（PGA统一调幅条件下）

超越概率/%	地震动记录名称（柔性结构）			
	I类场地	II类场地	III类场地	IV类场地
1	RSN1473_CHICHI_TCU018-E	RSN1526_CHICHI_TCU098-E	RSN1553_CHICHI_TCU141-W	RSN1357_CHICHI_KAU011-E
	RSN1464_CHICHI_TCU006-E	RSN1530_CHICHI_TCU103-E	RSN1195_CHICHI_CHY026-N	RSN1357_CHICHI_KAU011-N
	RSN1502_CHICHI_TCU064-N	RSN1468_CHICHI_TCU010-E	RSN1540_CHICHI_TCU115-E	RSN1334_CHICHI_ILA044-W
	RSN1523_CHICHI_TCU094-E	RSN1477_CHICHI_TCU031-E	RSN1238_CHICHI_CHY092-W	
	RSN1472_CHICHI_TCU017-E	RSN1506_CHICHI_TCU070-N	RSN1195_CHICHI_CHY026-E	
	RSN1497_CHICHI_TCU057-N	RSN1516_CHICHI_TCU083-E	RSN1240_CHICHI_CHY094-W	
	RSN1548_CHICHI_TCU128-E	RSN1483_CHICHI_TCU040-N	RSN1343_CHICHI_ILA056-W	
	RSN1502_CHICHI_TCU064-E	RSN1500_CHICHI_TCU061-E	RSN1180_CHICHI_CHY002-W	
	RSN1529_CHICHI_TCU102-N	RSN1466_CHICHI_TCU008-N	RSN1238_CHICHI_CHY092-N	
2	RSN1473_CHICHI_TCU018-N	RSN1468_CHICHI_TCU010-N	RSN1544_CHICHI_TCU119-E	
	RSN1548_CHICHI_TCU128-N	RSN1467_CHICHI_TCU009-N	RSN1240_CHICHI_CHY094-N	
	RSN1532_CHICHI_TCU105-N	RSN1500_CHICHI_TCU061-N	RSN1542_CHICHI_TCU117-E	
	RSN1492_CHICHI_TCU052-E	RSN1531_CHICHI_TCU104-E	RSN3843_CHICHI.03_CHY002W	
	RSN1488_CHICHI_TCU048-N	RSN1541_CHICHI_TCU116-N	RSN1538_CHICHI_TCU112-N	
3	RSN1497_CHICHI_TCU057-E	RSN1522_CHICHI_TCU092-N	RSN1189_CHICHI_CHY017-N	
	RSN1464_CHICHI_TCU006-N	RSN1526_CHICHI_TCU098-N	RSN1246_CHICHI_CHY104-N	
	RSN1488_CHICHI_TCU048-E	RSN1505_CHICHI_TCU068-E	RSN1543_CHICHI_TCU118-N	
	RSN1523_CHICHI_TCU094-N	RSN1533_CHICHI_TCU106-E	RSN1554_CHICHI_TCU145-W	
	RSN1475_CHICHI_TCU026-N	RSN1527_CHICHI_TCU100-E	RSN1552_CHICHI_TCU140-N	
	RSN1532_CHICHI_TCU105-E	RSN1314_CHICHI_ILA008-W	RSN1196_CHICHI_CHY027-E	
	RSN1529_CHICHI_TCU102-E	RSN2704_CHICHI.04_CHY029N	RSN1537_CHICHI_TCU111-E	

续表

超越概率/%	地震动记录名称（柔性结构）			
	I 类场地	II 类场地	III 类场地	IV 类场地
5	RSN1510_CHICHI_TCU075-E	RSN1470_CHICHI_TCU014-N	RSN1553_CHICHI_TCU141-N	
	RSN1434_CHICHI_TAP049-N	RSN1545_CHICHI_TCU120-E	RSN1242_CHICHI_CHY099-N	
	RSN1551_CHICHI_TCU138-N	RSN1471_CHICHI_TCU015-N	RSN1233_CHICHI_CHY082-E	
	RSN1321_CHICHI_ILA021-W	RSN2462_CHICHI.03_CHY029N	RSN2649_CHICHI.03_TCU115E	
	RSN1161_KOCAELI_GBZ270	RSN1810_HECTOR_MCY090	RSN1552_CHICHI_TCU140-W	
	RSN1232_CHICHI_CHY081-E	RSN1495_CHICHI_TCU055-N	RSN1246_CHICHI_CHY104-W	
	RSN1484_CHICHI_TCU042-N	RSN1424_CHICHI_TAP028-E	RSN1544_CHICHI_TCU119-N	
10	RSN2632_CHICHI.03_TCU084N	RSN2114_DENALI_PS10-317	RSN6887_DARFIELD_CBGSS01W	RSN5665_IWATE_MYG006NS
	RSN3548_LOMAP_LEX090	RSN2656_CHICHI.03_TCU123E	RSN1237_CHICHI_CHY090-N	RSN4204_NIIGATA_NIG014EW
	RSN813_LOMAP_YBI090	RSN316_WESMORL_PTS225	RSN1226_CHICHI_CHY071-N	RSN5260_CHUETSU_NIG014EW
	RSN3744_CAPEMEND_BNH360	RSN3747_CAPEMEND_CRW270	RSN2884_CHICHI.04_TCU110E	
	RSN1211_CHICHI_CHY052-W	RSN1260_CHICHI_HWA007-N	RSN1189_CHICHI_CHY017-W	
	RSN2661_CHICHI.03_TCU138W	RSN1430_CHICHI_TAP042-E	RSN1185_CHICHI_CHY012-N	
	RSN1441_CHICHI_TAP066-N	RSN3758_LANDERS_TPP045	RSN2705_CHICHI.04_CHY030N	
15	RSN3548_LOMAP_LEX000	RSN3661_SMART1.40_40O12EW	RSN6953_DARFIELD_PRPCS	
	RSN750_LOMAP_BRK090	RSN3748_CAPEMEND_FFS270	RSN173_IMPVALL.H_H-E10050	
	RSN285_ITALY_A-BAG000	RSN3640_SMART1.40_40I09EW	RSN2507_CHICHI.03_CHY101N	
	RSN2632_CHICHI.03_TCU084E	RSN3645_SMART1.40_40M04EW	RSN1420_CHICHI_TAP020-W	
	RSN1159_KOCAELI_ERG180	RSN3648_SMART1.40_40M08EW	RSN170_IMPVALL.H_H-ECC092	
	RSN1165_KOCAELI_IZT090	RSN3639_SMART1.40_40I08EW	RSN6942_DARFIELD_NNBSS13E	
	RSN4844_CHUETSU_65007NS	RSN316_WESMORL_PTS315	RSN1183_CHICHI_CHY008-W	

续表

超越概率/%	地震动记录名称（柔性结构）			
	I 类场地	II 类场地	III 类场地	IV 类场地
20	RSN796_LOMAP_PRS090	RSN3643_SMART1.40_40M02EW	RSN1222_CHICHI_CHY066-W	
	RSN796_LOMAP_PRS000	RSN3651_SMART1.40_40M11EW	RSN1114_KOBE_PRI000	
	RSN1202_CHICHI_CHY035-N	RSN3655_SMART1.40_40O04EW	RSN2884_CHICHI.04_TCU110N	
	RSN4885_CHUETSU_69151NS	RSN3642_SMART1.40_40I12EW	RSN6966_DARFIELD_SHLCS40W	
	RSN1347_CHICHI_ILA063-W	RSN3647_SMART1.40_40M06EW	RSN1237_CHICHI_CHY090-E	
	RSN1013_NORTHR_LDM064	RSN3490_CHICHI.06_TCU103N	RSN1328_CHICHI_ILA036-N	
	RSN989_NORTHR_CHL160	RSN3644_SMART1.40_40M03EW	RSN1422_CHICHI_TAP024-S	
	RSN794_LOMAP_DMH090	RSN3849_CHICHI.03_CHY014N	RSN171_IMPVALL.H_H-EMO000	
30	RSN4097_PARK2004_SCN090	RSN3660_SMART1.40_40O11NS	RSN6890_DARFIELD_CMHSN10E	
	RSN4097_PARK2004_SCN360	RSN3560_SMART1.05_05I09NS	RSN1419_CHICHI_TAP017-E	
	RSN2466_CHICHI.03_CHY035E	RSN3659_SMART1.40_40O10EW	RSN36_BORREGO_A-ELC180	
	RSN1787_HECTOR_HEC090	RSN312_SMART1.05_05O07NS	RSN182_IMPVALL.H_H-E07230	
	RSN1268_CHICHI_HWA017-E	RSN3659_SMART1.40_40O10NS	RSN3270_CHICHI.06_CHY030E	
	RSN143_TABAS_TAB-L1	RSN502_MTLEWIS_HVR090	RSN8130_CCHURCH_SHLCS40W	
40	RSN150_COYOTELK_G06230	RSN3577_SMART1.05_05O10NS	RSN778_LOMAP_HDA165	
	RSN4891_CHUETSU_70026NS	RSN148_COYOTELK_G03140	RSN170_IMPVALL.H_H-ECC002	
	RSN2627_CHICHI.03_TCU076E	RSN3561_SMART1.05_05M02NS	RSN6_IMPVALL.I_I-ELC270	
	RSN1117_KOBE_TOT090	RSN3566_SMART1.05_05M08NS	RSN22_ELALAMO_ELC270	
	RSN2395_CHICHI.02_TCU084E	RSN2982_CHICHI.05_CHY088E	RSN192_IMPVALL.H_H-WSM180	
	RSN2626_CHICHI.03_TCU075E	RSN3651_SMART1.40_40M11NS	RSN8066_CCHURCH_CHHCN01W	
	RSN4874_CHUETSU_65057EW	RSN3565_SMART1.05_05M06NS	RSN6953_DARFIELD_PRPCW	

续表

超越概率/%	地震动记录名称（柔性结构）			
	I类场地	II类场地	III类场地	IV类场地
63	RSN4328_POTENZA.P_A-BRZ270	RSN259_MAMMOTH.AH_D-FIS090	RSN790_LOMAP_RCH280	
	RSN4482_L-AQUILA_CU104XTE	RSN3562_SMART1.05_05M03NS	RSN2983_CHICHI.05_CHY090N	
	RSN150_COYOTELK_G06320	RSN3578_SMART1.05_05O12EW	RSN3862_CHICHI.05_CHY012W	RSN8123_CCHURCH_REHSS88E
	RSN4887_CHUETSU_6CB61NS	RSN3685_WHITTIER.B_B-CAM009	RSN790_LOMAP_RCH190	RSN5257_CHUETSU_NIG011EW
	RSN145_COYOTELK_CYC160	RSN3605_ABRUZZO.P_CSS000	RSN8119_CCHURCH_PRPCW	RSN5471_IWATE_AKT016EW
	RSN4472_L-AQUILA_TK003YLN	RSN3573_SMART1.05_05O04NS	RSN159_IMPVALL.H_H-AGR003	
	RSN814_GREECE_L-EDE-WE	RSN312_SMART1.05_05O07EW	RSN4877_CHUETSU_65065NS	
80	RSN12263_40199209_58471360	RSN245_MAMMOTH.K_K-LUL000	RSN195_IMPVALL.A-CXO315	
	RSN5247_CHUETSU_NIG001EW	RSN3630_SMART1.33_33O06NS	RSN204_IMPVALL.A_A-E06140	
	RSN4083_PARK2004_36529360	RSN4103_PARK2004_C04090	RSN333_COALINGA.H_H-C08000	
	RSN12263_40199209_58471090	RSN3908_TOTTORI_OKY005EW	RSN4102_PARK2004_C03090	
	RSN4227_NIIGATA_NIGH10NS	RSN2420_CHICHI.02_TCU122E	RSN383_COALINGA_A-PVY045	
	RSN4453_MONTENE.GRO_DUB090	RSN3721_WHITTIER.B_B-RIM015	RSN8621_40204628_N1779HNE	
	RSN3257_CHICHI.05_TTN051N	RSN1725_NORTH392_RO2090	RSN195_IMPVALL.A_A-CXO225	
100	RSN144_DURSUN.BEY_DUR--T	RSN1651_NORTH001_ARL360	RSN10809_14312160_CISMVHLE	
	RSN8968_14383980_US707360	RSN19287_71596420_NBJOBHNE	RSN18443_21423530_36456360	
	RSN1732_NORTH392_KAT000	RSN1707_NORTH392_CCN090	RSN9583_10410337_14829090	
	RSN537_PALMSPR_SIL090	RSN1694_NORTH392_MU2125	RSN411_COALINGA_D-PVP360	
	RSN477_ABRUZZO_ATI-WE	RSN1651_NORTH001_ARL090	RSN717_WHITTIER.B_B-TAR090	
	RSN12267_40199209_58790360	RSN4101_PARK2004_TM3360	RSN9056_14151344_CIMSJHLE	
	RSN1649_SMADRE_VAS000	RSN395_COALINGA_C-ATP270	RSN203_IMPVALL.A_A-E05140	

5%、10%、15%、20%、30%、40%、63%、80%以及 100%对应的推荐设计地震动记录名称如表 6-1～表 6-3 所示。

6.3.2 进行 PGA 归一化后的结果

6.3.1 节中给出了未基于 PGA 归一化的地震动破坏强度排序结果，但是目前建筑结构抗震时选取设计地震动都是在 PGA 同一幅值下选取的，因此在本节给出了基于 PGA 归一化后的地震动破坏强度排序结果。超越概率为 1%、2%、3%、5%、10%、15%、20%、30%、40%、63%、80%以及 100%对应的推荐设计地震动记录名称如表 6-4～表 6-6 所示。

6.4　工程算例论证

本节主要是通过分析实际工程实例，以验证本书基于超越概率推荐的不同等级破坏强度的设计地震动的正确性和可靠性。

6.4.1 算例 1[①]

某建筑结构位于宁波市，四层钢筋混凝土框架结构，抗震设防烈度为 7 度(0.1g)，设计地震分组为第一组，特征周期为 0.45 s，场地类别为Ⅲ类。结构自振周期为 0.78 s，ETABS 三维结构有限元模型如图 6-3 所示。

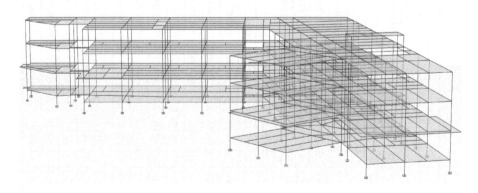

图 6-3　ETABS 三维结构有限元模型

在输入地震动进行分析时只选取了一个 X 方向进行输入，本结构的场地条件为Ⅲ类场地，属于刚-柔性结构，因此选取了相关推荐地震动进行输入，选取未调

① 本算例由吉林农业大学许德峰老师提供并协助完成计算。在此表达诚挚的感谢！

幅的推荐地震动，每一强度选择 5 条共计 60 条地震动输入结构进行分析，分析结果如图 6-4 所示。由计算结果可知基本满足超越概率越小，对应的地震动破坏强度越大的规律。

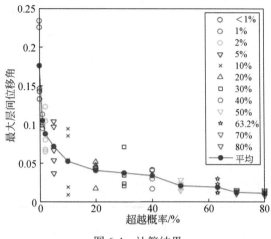

图 6-4　计算结果

6.4.2　算例 2

以四川省某地锚式钢桁梁悬索桥为研究对象，如图 6-5 所示。主桥总体布置为单跨 550 m 简支悬索桥方案，主梁采用钢桁架加劲梁，索塔采用门型混凝土索塔。主桥主缆跨径布置为：（135+550+135）m，主缆矢跨比为 1/10，矢高为 55 m。抗震设防烈度为 8（Ⅷ）度，设计基本地震加速度值为 0.3g，设计地震分组为第三组，结构自振周期为 6.7 s，属于柔性结构。表 6-7 列出了主桥前 10 阶典型的自振频率及振型特征。

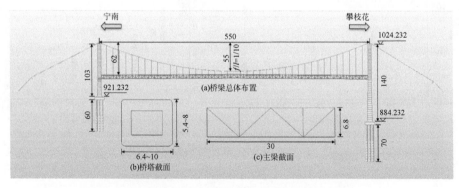

图 6-5　四川省某地锚式钢桁梁悬索桥示意图（单位：m）

表 6-7　主桥前 10 阶典型的自振频率及振型特征

No.	频率 f/Hz	周期 T/s	振型主要特征
1	0.1494	6.6932	主梁横向侧弯
2	0.1997	5.0078	主梁纵漂+反对称竖弯
3	0.2109	4.7425	主梁对称竖弯
4	0.2873	3.4806	主梁主缆扭转
5	0.2892	3.4576	主梁主缆扭转
6	0.3195	3.1299	主梁二阶对称竖弯
7	0.4767	2.0975	主缆主梁扭转
8	0.4824	2.0729	主梁二阶竖弯
9	0.5001	1.9995	主梁主缆扭转
10	0.5337	1.8738	主缆侧摆

在输入地震动进行分析时只选取纵向桥向进行输入，基于 Midas Civil 软件进行分析，本结构地震场地条件为 II 类场地，属于柔性结构，因此选取了相关结构类别的推荐地震动进行输入。考虑设计桥塔刚度较大，为了判断结构进入非线性状态时本书得到的地震动排序是否依然适用，将本书给出的推荐设计地震动输入结构中进行动力时程分析，每一强度水平选取 5 条共计 60 条地震动。以右侧桥塔塔底曲率作为指标，分析结果如图 6-6 所示。由计算结果可知基本满足超越概率越小，对应的地震动破坏强度越大的规律。

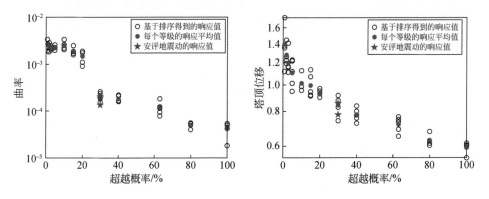

图 6-6　计算结果

6.4.3 算例 3[①]

该算例以日本大开车站为研究对象，模型尺寸长 1000 m、高 58 m，几何模型底边界取在 58 m 处，其土质为砾石层，本数值模型定于地表下 4.8 m 处，水位线以下土体重度采用浮重度，即土体重度减去水重度。模型左右边界为无限元，底面边界固定水平和竖直位移，且均为不透水边界（图 6-7）。相关土层参数如表 6-8 所示。

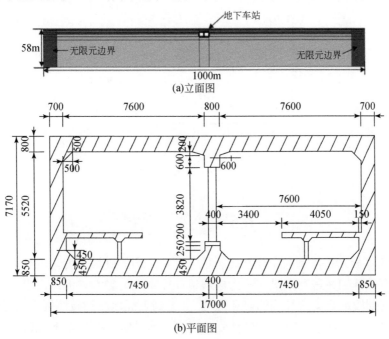

图 6-7　结构的平面图和立面图（单位：mm）

表 6-8　大开车站土层参数

土质	深度/m	重度/ （kN/m³）	V_{s30}/ （m/s）	弹性模量 E/MPa	泊松比	内摩擦角 Φ/（°）	黏聚力 c/kPa
人工填土	0～1	19	140	101.308	0.333	20	70
全新世填土	1～2	19	140	101.320	0.333	20	70
全新世砂土	2～4.8	19	170	147.919	0.32	20	1
全新世砂土	4.8～8	19	190	195.972	0.40	20	1
全新世黏土	8～17	19	240	290.342	0.30	20	70
全新世砾石	17～58	20	330	560.045	0.26	20	1
全新世砾石	58 以上	21	500	—	—	—	—

---

① 本算例由同济大学陈之毅教授课题组提供并协助完成计算。在此表达诚挚的感谢！

由于大开车站位于Ⅳ类场地，场地较软，该车站相对于场地来说为刚性结构，因此在本算例中选用Ⅳ类场地的地震动。本书选取了超越概率为2%、10%、30%、50%、70%、80%对应的地震动进行验证。计算结果如图6-8所示。由计算结果得出地震动超越概率越小，对应得到的相对位移越大。

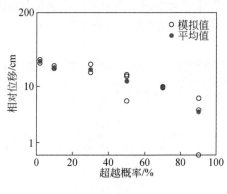

图 6-8　计算结果

6.5　小　　结

本节以 SDOF 体系损伤指数表征地震动对结构的破坏强度，以地震危险性分析作为理论基础并进行改进，不考虑震级和震中距的影响，但是考虑了不同场地和不同周期段地震动对结构的破坏强度，并得到表征地震动破坏强度的超越概率；超越概率越小，对应地震动的破坏强度越大。通过研究得到以下结论：

（1）通过计算分析，得到了不同场地、不同周期段内基于损伤指数的破坏强度超越概率；

（2）基于超越概率给出了不同破坏强度对应的地震动记录；

（3）基于实际工程结构模型进行动力时程分析，验证了以超越概率表征地震动破坏强度的合理性，同样验证了推荐设计地震动的合理性。

参 考 文 献

常磊, 2011. 结构地震能量反应分析及其在超高层巨型框架结构中的应用研究[D].合肥: 合肥工业大学.

常志旺, 2014. 近场脉冲型地震动的量化识别及特性研究[D]. 哈尔滨: 哈尔滨工业大学.

邓军, 唐家祥, 2000. 时程分析法输入地震记录的选择与实例[J]. 工业建筑, 30(8): 9-12.

樊圆, 胡进军, 谢礼立, 2018. 国外强震动数据库及其特点分析[J]. 国际地震动态, 469(1): 21-29.

范力, 赵斌, 吕西林, 2006. 欧洲规范 8 与中国抗震设计规范关于抗震设防目标和地震作用的比较[J]. 结构工程师, 22(6): 59-63.

高淼, 2006. 多层住宅砖房地震易损性和可靠性分析[D]. 哈尔滨: 中国地震局工程力学研究所.

郭锋, 吴东明, 许国富, 等, 2012. 中外抗震设计规范场地分类对应关系[J]. 土木工程与管理学报, (2): 67-70.

郝敏, 谢礼立, 2008. 地震动潜在破坏矩阵研究[J]. 清华大学学报(自然科学版), 48(3): 321-324.

何毅良, 2018. 基于谱参数的 RC 框架结构输入地震动选取研究[D]. 哈尔滨: 中国地震局工程力学研究所.

胡进军, 吴旺成, 谢礼立, 2013. 地震动累积绝对速度相关参数研究进展与分析[J].地震工程与工程振动, 33(5): 1-8.

胡聿贤, 2006. 地震工程学[M]. 北京: 地震出版社.

蒋欢军, 郑建波, 张桦, 2008. 基于位移的抗震设计研究进展[J]. 工业建筑, 37(7): 1-5.

孔令峰, 2019. 地震动持时对结构地震反应影响[D]. 哈尔滨: 中国地震局工程力学研究所.

李明, 2010. 近断层地震动对结构抗震设计的影响研究[D]. 哈尔滨: 中国地震局工程力学研究所.

李树桢, 朱玉莲, 1994.用延性系数预测砖结构房屋的地震破坏[J]. 世界地震工程, 2: 31-37.

李爽, 谢礼立, 郝敏, 2007. 地震动参数及结构整体破坏相关性研究[J]. 哈尔滨工业大学学报, 39(4): 505-509.

卢大伟, 李小军, 2008. 我国强震动观测的现状与发展趋势[J]. 山西地震, 48(3): 40-41.

吕红山, 赵凤新. 2007. 适用于中国场地分类的地震动反应谱放大系数[J]. 地震学报, 29(1): 67-76+114.

吕西林, 周定松, 2004. 考虑场地类别与设计分组的延性需求谱和弹塑性位移反应谱[J]. 地震工程与工程振动, 24(1): 39-48.

罗开海, 王亚勇, 2006. 中美欧抗震设计规范地震动参数换算关系的研究[J]. 建筑结构, 36(8): 103-107.

欧盛, 2011. 砖砌体房屋震害预测方法研究[D]. 哈尔滨: 中国地震局工程力学研究所,

曲哲, 叶列平, 潘鹏, 2011. 建筑结构弹塑性时程分析中地震动记录选取方法的比较研究[J]. 土木工程学报, 44(7): 10-21.

邵志鹏, 2020. 典型砌体结构房屋楼面加速度反应谱分析[D]. 哈尔滨: 中国地震局工程力学研究所.

施炜, 潘鹏, 叶列平, 等, 2013. 基于天际线查询的最不利地震动选取方法研究[J]. 建筑结构学报, 34(7): 20-28.

宋亚澜, 周颖, 2017. 采用结构等效周期的强地震动记录选取方法[J]. 结构工程师, 33(3): 80-87.

汪冬华, 2010. 多元统计分析与 SPSS 应用[M]. 上海: 华东理工大学出版社.

王东升, 岳茂光, 李晓莉, 等, 2013. 高墩桥梁抗震时程分析输入地震波选择[J]. 土木工程学报, (s1): 208-213.

温瑞智, 2016. 我国强地震动记录特征综述[J]. 地震学报, 38(4): 550-563.

谢礼立, 2009. 汶川地震的教训[J]. 南京工业大学学报(自然科学版), 31(1): 1-8,

谢礼立, 曲哲, 2016. 论土木工程灾害及其防御[J]. 地震工程与工程振动, 36(1): 1-10.

谢礼立, 翟长海, 2003.最不利设计地震动研究[J]. 地震学报, 25(3): 250-261.

解全才, 马强, 杨程, 2017. 强震动数据库发展现状与展望[J]. 地震工程与工程振动, 1(3): 48-56.

许松, 2013. 时程分析中罕遇地震动的选择[D]. 重庆: 重庆大学.

杨浦, 李英民, 赖明, 2000. 结构时程分析法输入地震波的选择控制指标[J]. 土木工程学报, 33(6): 33-37.

杨玉成, 杨柳, 高云学, 等. 1982. 现有多层砖房震害预测的方法及其可靠度[J]. 地震工程与工程振动, (3): 75-86.

易伟建, 张海燕, 2005. 弹塑性反应谱的比较及其应用[J]. 湖南大学学报: 自然科学版, 32(2): 42-45.

余湛, 石树中, 沈建文, 等, 2008. 从中国、美国、欧洲抗震设计规范谱的比较探讨我国的抗震设计反应谱[J]. 震灾防御技术, 3(2): 136-144.

翟长海, 2002. 最不利设计地震动研究[D]. 哈尔滨: 中国地震局工程力学研究所.

翟长海, 谢礼立, 张菊花, 2006. 恢复力模型对等延性地震抗力谱的影响分析[J]. 哈尔滨工业大学学报, 38(8): 1228-1230.

张陆陆, 2017. 古建木结构震害模拟与库藏文物减震措施研究[D]. 哈尔滨: 中国地震局工程力学研究所.

张锐, 2020. 结构抗震时程分析输入地震波选择方法研究[D]. 大连: 大连理工大学.

张艳青, 符瑞安, 韩石, 等, 2020. 中美欧建筑结构抗震设计对比[J]. 应用力学学报, 37(5): 2288-2296.

赵国臣, 2018.结构抗震设计谱研究[D]. 哈尔滨: 哈尔滨工业大学.

周荣军, 赖敏, 余桦, 等, 2010. 汶川 M_s 8.0 地震四川及邻区数字强震台网记录[J]. 岩石力学与工程学报, 29(9): 1850-1858.

周颖, 苏宁粉, 吕西林, 2013. 高层建筑结构增量动力分析的地震动强度参数研究[J]. 建筑结构学报, 34(2): 53-60.

Adam C, Kampenhuber D, Ibarra L F, et al., 2017. Optimal spectral acceleration-based intensity measure for seismic collapse assessment of P-delta vulnerable frame structures[J]. Journal of Earthquake Engineering, 21(7): 1-7.

Akkar S, Çağnan Z, Yenier E, et al., 2010. The recently compiled Turkish strong motion database: preliminary investigation for seismological parameters[J]. Journal of Seismology, 14(3): 457-479.

Akkar S, Küçükdoğan B, 2008. Direct use of PGV for estimating peak nonlinear oscillator displacements[J]. Earthquake Engineering and Structural Dynamics, 37(12): 1411-1433.

Akkar S, Ozen O, 2005. Effect of peak ground velocity on deformation demands for SDOF systems[J]. Earthquake Engineering and Structural Dynamics, 34(13): 1551-1571.

Alavi B, Krawinkler H, 2001. Effects of near-fault ground motions on frame structures[R]. Blume Earthquake Engineering Center, Stanford, CA, Report No.138.

Ambraseys N N, Bommer J J, 1991. Database of European strong-motion records[J]. European Earthquake Engineering, 5: 18-37.

Ancheta T D, Darragh R B, Stewart J P, et al., 2014. NGA-West2 database[J]. Earthquake Spectra, 30(3): 989-1005.

Aoi S, Kunugi T, Fujiwara H, 2004. Strong-motion seismograph network operated by NIED: K-Net and KiK-Net[J]. Journal of Jaee, 4(3): 65-74.

Archuleta R, Steidl J, Squibb M, 2004. The cosmos virtual data center[C]//Proceedings of the 13th World Conference on Earthquake Engineering. Vancouver B C, Canada.

Arias A, 1970. A measure of earthquake intensity[M]//Hansen R J. Seismic Design for Nuclear Power Plants.Cambridge: MIT Press: 438-483.

Baker J W, 2011. Conditional mean spectrum: tool for ground-motion selection[J]. Journal of Structural Engineering, 37(3): 322-331.

Baker J W, Allin C C, 2010. Vector-valued ground motion intensity measure consisting of spectral acceleration and epsilon[J]. Earthquake Engineering and Structural Dynamics, (10): 1193-1217.

Baker J W, Cornell C A, 2005. A vector-valued ground motion intensity measure consisting of spectral acceleration and epsilon[J]. Earthquake Engineering and Structural Dynamics, 34(10): 1193-1217.

Baker J W, Cornell C A, 2006a. Spectral shape, epsilon and record selection[J]. Earthquake Engineering and Structural Dynamics, 35(9): 1077-1095.

Baker J W, Cornell C A, 2006b. Vector-valued ground motion intensity measures for prob-abilistic seismic demand analysis[R]. PEER Research Report, October 2006/08. Berkeley, CA: University of California.

Bazzurro P, 1998. Probabilistic seismic demand analysis[D]. Stanford: Stanford University.

Bianchini M, Diotallevi P P, Baker J W, 2009. Prediction of inelastic structural response using an average of spectral accelerations[C]//Proceedings of the 10th International Conference on Structural Safety and Reliability (ICOSSAR09), 13-17 September, Osaka, Japan.

Biot M A, 1932. Transient oscillations in elastic systems[D]. Pasadena, California: California Institute of Technology.

Biot M A, 1933. Theory of elastic systems vibrating under transient impulse with an application to earthquake-proof buildings[J]. Proceedings of the National Academy of Sciences, 19(2): 262-268.

Biot M A, 1943. Analytical and experimental methods in engineering seismology[J]. Transactions of the American Society of Civil Engineers, 108(1): 365-385.

Cabanas L, Benito B, Herraiz M, 1997. An approach to the measurement of the potential structural damage of earthquake ground motions[J]. Earthquake Engineering and Structural Dynamics, 26(1): 79-92.

Cornell C A, Jalayer F, Hamburger R O, et al., 2002. Probabilistic basis for 2000 SAC Federal Emergency Management Agency steel moment frame guidelines[J]. Journal of Structural Engineering, 128(4): 526-533.

Drenick R F, 1973. Aseismic design by way of critical excitation[J]. Journal of Engineering Mechanics, 99: 649-667.

Ebrahimian H, Jalayer F, Lucchini A, et al., 2015. Preliminary ranking of alternative scalar and vector intensity measures of ground shaking[J]. Bulletin of Earthquake Engineering, 13(10): 2805-2840.

Elenas A, Meskouris K, 2001. Correlation study between seismic acceleration parameters and damage indices of structures[J]. Engineer Structure, 23: 698-704.

European Committee for Standardization, 2014. Eurocode 8: design of structures for earthquake: EN 1998-1-2010[S]. Berlin: Springer-Verlag.

Fajfar P, Vidic T, Fischinger M, 1990. A measure of earthquake motion capacity to damage medium-period structures[J]. Soil Dynamics and Earthquake Engineering, 9(5): 236-242.

FEMA-355, 2000. State of the art report on systems performance of steel moment frames subject to earthquake ground shaking[R]. Sacramento, CA: SAC Joint Venture.

Gaxiola-Camacho J R, Azizsoltani H, Villegas-Mercado F J, et al., 2017. A novel reliability technique for implementation of performance-based seismic design of structures[J]. Engineering Structures, 142: 137-147.

Hao M, Xie L L, Xu L J, 2005. Some considerations on the physical measure of seismic intensity[J].
Acta Seismologica Sinica, 27(2): 230-234.

Housner G W, 1959. Behaviour of structures during earthquakes[J]. ASCE, 85(4): 109-129.

Housner G W, Jennings P C, 1964. Generation of artificial earthquakes[J]. Journal of Engineering
Mechanics Division, ASCE90(EM1): 113-150.

Hu J J, Lai Q H, Li S, et al. 2020. Procedure for ranking ground motion records based on the
Destructive Capacity Parameter[J]. KSCE Journal of Civil Engineering, 25(1): 1-11.

International Code Council, 2018. International Building Code: IBC 2018[S]. Washington, DC.
International Code Council.

Jalayer F, 2003. Direct probabilistic seismic analysis: implementing non-linear dynamic assessment[D].
Stanford, CA: Stanford University.

Jalayer F, Beck J L, Zareian F, 2012. Analyzing the sufficiency of alternative scalar and vector
intensity measures of ground shaking based on information theory[J]. Journal of Engineering
Mechanics, 138(3): 307-316.

Japanese Ministry of Construction, 2000. Japanese Building Code[S].

Ji K, Bouaanani N, Wen R, et al., 2018. Introduction of conditional mean spectrum and conditional
spectrum in the practice of seismic safety evaluation in China[J]. Journal of Seismology, 22(4):
1005-1024.

Kinoshita S, 1998. Kyoshin Net (K-NET)[J]. Seismological Research Letters, 69: 309-332.

Kohrangi M, Bazzurro P, Vamvatsikos D, 2016. Vector and scalar IMs in structural response
estimation, Part Ⅱ: building demand assessment[J]. Earthquake Spectra, 32(3): 1525-1544.

Kostinakis K, Fontara I K, Athanatopoulou A M, 2018. Scalar structure-specific ground motion
intensity measures for assessing the seismic performance of structures: a review[J]. Journal of
Earthquake Engineering, 22(4): 630-665.

Kramer S L, 1996. Geotechnical Earthquake Engineering[M]. Englewood Cliffs, NJ: Prentice Hall.

Krawinkler H, Medina R, Alavi B, 2003. Seismic drift and ductility demands and their dependence on
ground motions[J]. Engineering Structures, 25: 637-653.

Li C H, Kunnath S, Zhai C H, 2018. Influence of early-arriving pulse-like ground motions on ductility
demands of single-degree-of-freedom systems[J]. Journal of Earthquake Engineering, (9): 1-24.

Li C H, Zhai C H, Kunnath S, et al., 2019. Methodology for selection of the most damaging ground
motions for nuclear power plant structures[J]. Soil Dynamics and Earthquake Engineering, 116:
345-357.

Luco N, Cornell C A, 2007. Structure-specific scalar intensity measures for near-source and ordinary
earthquake motions[J]. Earthquake Spectra, 23(2): 357-392.

Malhotra P K, 2006. Smooth spectra of horizontal and vertical ground motions[J]. Bulletin of the Seismological Society of America, 96(2): 507-518.

Manohar C S, Sarkar A, 1995. Critical earthquake input power spectral density function models for engineering structures[J]. Earthquake Engineering and Structural Dynamics, 24(12): 1549-1566.

McGuire R K, 1976. FORTRAN computer program for seismic risk analysis[R]. U.S. Geological Survey Open-File Reports: 76-67.

Michel C, Lestuzzi P, Lacave C, 2014. Simplified non-linear seismic displacement demand prediction for low period structures[J]. Bulletin of Earthquake Engineering, 12(4): 1563-1581.

Miranda E, 2000. Inelastic displacement ratios for structures on firm sites[J]. Journal of Structural Engineering, 126(10): 1150-1159.

Miranda E, Bertero V V, 1994. Evaluation of strength reduction factors for earthquake resistant design[J]. Earthquake Spectra, 10(2): 357-379.

Moehle J P, 1992. Displacement-based design of RC structures subjected to earthquakes[J]. Earthquake Spectra, 8(3): 403-428.

Moehle J, Deierlein G G, 2003. A framework methodology for performance-based earthquake engineering[C]//Proceedings of the 13th World Conference on Earthquake Engineering, 1-6 August. Vancouver, Canada.

Nassar A A, Krawinkler H, 1991. Seismic demands for SDOF and MDOF systems[J]. Earthquake Engineering and Structural Dynamics, 20(6): 1211-1227.

Newmark N M, Hall W J, 1973. Seismic design criteria and nuclear reactor facilities[J]. Building practices for disaster mitigation, National Bureau of Standard, U.S. Department of Commerce, 46: 209-236.

Padgett J E, Nielson B G, Des Roches R, 2008. Selection of optimal intensity measures in probabilistic seismic demand models of highway bridge portfolios[J]. Earthquake Engineering and Structural Dynamics, 37(5): 711-725.

Pal S, Dasaka S S, Jain A K, 1987. Inelastic response spectra[J]. Computers & Structures, 25(3): 335-344.

Palanci M, Senel S M, 2019. Correlation of earthquake intensity measures and spectral displacement demands in building type structures[J]. Soil Dynamics & Earthquake Engineering, 121: 306-326.

Peng B F, Conte J P, 1997. Statistical insight into constant-ductility design using a non-stationary earthquake ground motion model[J]. Earthquake Engineering & Structural Dynamics, 26(9): 895-916.

Rupakhety R, Sigbjörnsson R, 2009. Ground-motion prediction equations (GMPEs) for inelastic displacement and ductility demands of constant-strength SDOF systems[J]. Bulletin of Earthquake

Engineering, 7(3): 661-679.

Seed H B, Ugas C, Lysmer J, 1976. Site-dependent spectra for earthquake-resistance design[J]. Bulletin of the Seismological Society of America, 66(1): 221-243.

Srinivasan M, Corotis R, Ellingwood B, 1992. Generation of critical stochastic earthquakes[J]. Earthquake Engineering and Structural Dynamics, 21(4): 275-288.

Takewaki I, 2001. Probabilistic critical excitation for MDOF elastic-plastic structures on compliant ground[J]. Earthquake Engineering and Structural Dynamics, 30(9): 1345-1360.

Travasarou T, Bray J D, 2003. Empirical attenuation relationship for Arias intensity[J]. Earthquake Engineering & Structural Dynamics, 32: 1133-1155.

Trifunac M D, Brady A G, 1975. A Study on the duration of strong earthquake ground motion[J]. Bulletin of the Seismological Society of America, 65(3): 581-626.

Vamvatsikos D, 2002. Seismic performance, capacity and reliability of structures as seen through incremental dynamic analysis[D]. Stanford, CA: Stanford University.

Vamvatsikos D, Cornell C A, 2002. Incremental dynamic analysis[J]. Earthquake Engineering and Structural Dynamics, 31(3): 491-514.

Vamvatsikos D, Cornell C A, 2004. Applied incremental dynamic analysis[J]. Earthquake Spectra, 20(2): 523-553.

Vidic T, Fajfar P, Fischinger M, 1994. Consistent inelastic design spectra: strength and displacement[J]. Earthquake Engineering and Structural Dynamics, 23(5): 507-521.

Wald D J, Quitoriano V, Heaton T H, et al., 1999. Relationships between peak ground acceleration peak ground velocity and modified Mercalli intensity in California[J]. Earthquake Spectra, 15(3): 557-564.

Xie L L, Zhai C H, 2003. Study on the severest real ground motion for seismic design and analysis[J]. Acta Seismologica Sinica,16(3): 260-271.

Xu L J, Zhao G C, Liu Q, 2014. Consecutive combined response spectrum[J]. Earthquake Engineering and Engineering Vibration, 13(4): 623-636.

Yakhchalian M, Amiri G G, 2018. A vector intensity measure to reliably predict maximum drift in low- to mid-rise buildings[J]. Structures and Buildings, 172(1): 42-54.

Yakut A, Yilmaz H, 2008. Correlation of deformation demands with ground motion intensity[J]. Journal of Structural Engineering, 134(12): 1818-1828.

Yang D, Pan J, Li G, 2010. Non-structure-specific intensity measure parameters and characteristic period of near-fault ground motions[J]. Earthquake Engineering and Structural Dynamics, 38(11): 1257-1280.

Yazdani A, Yazdannejad K, 2019. Estimation of the seismic demand model for different damage levels[J]. Engineering Structures, 194(1): 183-195.

Yazdani A, Nicknam A, Eftekhari S N, et al., 2016. Sensitivity of near-fault PSHA results to input variables based on information theory[J]. Bulletin of the Seismological Society of America, 106: 1858-1866.

Zhai C H, Chang Z W, Shuang L, et al., 2013. Selection of the most unfavorable real ground motions for low- and mid-rise RC frame structures[J]. Journal of Earthquake Engineering, 17(7-8): 1233-1251.

Zhai C H, Wen W P, Li S, 2014. The damage investigation of inelastic SDOF structure under the mainshock–aftershock sequence-type ground motions[J]. Soil Dynamics and Earthquake Engineering, 59: 30-41.

Zhai C H, Ji D F, Wen W P, 2017. Constant ductility energy factors for the near-fault pulse-like ground motions[J]. Journal of Earthquake Engineering, 21(2): 343-358.

Zhang Q, Alam M S, Khan S, et al., 2016. Seismic performance comparison between force-based and performance-based design as per Canadian highway bridge design code (CHBDC) 2014[J]. Canadian Journal of Civil Engineering, 43(8): 741-748.